阳台养兰 一学就会

配视频版

陈宇勒

陈玥婷 ◎ 编著

海峡出版发行集团
THE STRAITS PUBLISHING & DISTRIBUTING GROUP

福建科学技术出版社

图书在版编目（CIP）数据

阳台养兰一学就会：配视频版 / 陈宇勒, 陈玥婷编著. —
福州：福建科学技术出版社, 2024.7
ISBN 978-7-5335-7273-0

Ⅰ. ①阳… Ⅱ. ①陈… ②陈… Ⅲ. ①兰科 – 花卉 –
观赏园艺 Ⅳ. ①S682.31

中国国家版本馆CIP数据核字(2024)第080395号

出 版 人　郭　武
责任编辑　刘宜学
编辑助理　黎造宇
责任美编　黄　丹
责任校对　林锦春

阳台养兰一学就会（配视频版）

编　　著　陈宇勒　陈玥婷
出版发行　福建科学技术出版社
社　　址　福州市东水路76号（邮编350001）
网　　址　www.fjstp.com
经　　销　福建新华发行（集团）有限责任公司
印　　刷　福州德安彩色印刷有限公司
开　　本　700毫米×1000毫米　1/16
印　　张　9.5
字　　数　123千字
版　　次　2024年7月第1版
印　　次　2024年7月第1次印刷
书　　号　ISBN 978-7-5335-7273-0
定　　价　49.00元

书中如有印装质量问题，可直接向本社调换。
版权所有，翻印必究。

前言

阳台对于都市人来说，是家中唯一可以进行室外活动的场所。喜爱兰花的人，常利用阳台莳兰。阳台养兰可陶冶情操，修身养性，益寿延年；能美化家居环境，提高生活品位；可以兰会友，增进友谊。阳台养兰方法得当，还可获得良好的经济效益。再者，家庭成员同心合力种好兰花，可营造和谐与欢乐氛围。

作者将众多阳台养兰高手的经验与自己的体会结合起来，采用图说和视频的形式编著成本书。书中根据不同阳台的特点和兰花生长习性，深入浅出地介绍阳台兰花栽培管理要点。本书的特色是：图说为主，文字为辅，内容简明扼要、通俗易懂、实用有效。

本书编撰时间仓促，且笔者学识浅陋，不足之处恭请读者批评指正。

作者于深圳兰韵阁

目　录

Contents

壹

一

· 兰花生长习性 ·

（一）对光照的需求

兰花需要阳光进行光合作用，制造养分，满足兰花生长发育之需，因此光照对兰花来说是必不可少的。尤其是冬季，更要发挥阳光的加温作用，以利于兰花的安全越冬。

陈宇勒说兰　兰花日记

兰花生于山间峡谷的半山腰疏林之中。一般上层有乔木层覆盖，中下层灌木较小，通风、透光条件较好

兰花生于山野林阴中，林木随风摇晃，形成了"过半阴"的光照条件。中午的太阳光受生长于兰花上部的树木的遮挡，照射的只是零碎的光线或光斑

多生长在上午或下午有斜射光线的南坡或东南坡中部

进入秋季后，生长在兰花上面的树木叶片开始变黄脱落，从而增加了冬季的光照度，部分冬季柔和的阳光可以直射到林下的兰花植株上。到了春季，兰花上面的树木又开始长出叶片，上面树叶开始长得越来越茂密，在日照变强、天气转向酷热之前，绿色的树叶已给兰花搭上了"天棚"

·兰花原生环境

兰花对光照的需求因不同的季节、不同的地区、不同种类及不同艺性有所差别。如墨兰、寒兰需光量较少，春兰、建兰需光量少于蕙兰而多于墨兰。

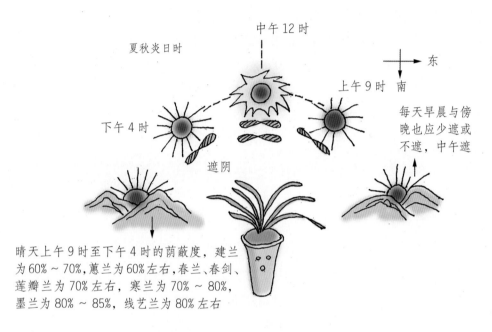

晴天上午9时至下午4时的荫蔽度，建兰为60%～70%，蕙兰为60%左右，春兰、春剑、莲瓣兰为70%左右，寒兰为70%～80%，墨兰为80%～85%，线艺兰为80%左右

·夏秋季节一天中不同时间的遮阴情况

·不同季节、天气的遮阴情况

光照强度对兰花生长影响较大，对兰花的欣赏价值也有较大的影响。

①光照对叶色的影响。光照过强，叶色由绿变绿中带黄，如骤然强光照射，则叶色很快变黄，叶面粗糙，甚至叶片焦黄、枯萎，失去观赏价值；光照适宜，则叶绿而质细腻，且有光泽；光照太弱，则叶色深绿而少光泽。观察叶色的变化，可作为调控遮阴状况的依据之一。

②光照对出芽与长势的影响。光照强弱对叶芽、花芽出土的数量、长势有明显影响。光照较弱，叶芽、花芽少；光照较强，则叶芽、花芽多。光照过弱或过强，均不利于幼芽生长。只有光照适度，兰花的长势才能茂盛。要想多发叶芽，除光照强度适宜外，可将过多的花芽及早摘除，翌年可见成效，这比调节光照简便有效。

③光照对花色、花期的影响。当阳台的光照较强和光照时间较长时，花色加深；反之，则浅。例如接受光照较强、时间较长的黄花春兰、蕙兰，色彩会逐年加深，变成金黄花。建兰红花在夏天宜多晒太阳，这样不仅开花多，花期提前，而且花色更深。在开花期间，如希望延长花期，可放至阴凉处，并减少浇水。

总之，阳光是否适当关系到兰花生长的壮弱，要栽培好兰花必须做好遮阴防晒工作。

（二）对温度的需求

兰花主要产于亚洲的温带和亚热带地区，这些地区气候温和湿润，平均气温高，无霜期长。兰花喜欢冬暖夏凉的环境，冬季的严寒和夏季的炎热都不利于兰花的正常生长。

徐哥兰花

对春兰、蕙兰及莲瓣兰和春剑等冬末早春和晚春开花的种类，冬季是它们育蕾的时期，此时需要一段时间的低温（0～5℃）春化期（约2周）。冬季温度不能太高，温度过高反而对兰花的开花不利。这就是福建、广东及海南的部分地区栽植的春兰、蕙兰开花不好的主要原因。

冬季喜欢温暖的墨兰、建兰，越冬温度不能过低；过低会影响建兰来年叶芽的萌发，墨兰花芽发育。原因是建兰一般在夏秋季开花，要求有合适的自然温度。如果在冬春两季得不到较高的温度，其叶芽的萌发会推迟，生长期延后，因而严重影响其花芽萌发，导致花期推迟或不开花，这是建兰在北方不易开花的主要原因之一。墨兰是原生于热带和亚热带南缘的植物，冬季怕冷，无法在北方露天越冬，且墨兰在开花时也需要较温暖的天气。

（三）对水分的需求

兰花原生于疏松、排水良好的土壤，因此喜湿润忌积水。

生长有兰花的山峦，表土终年呈不干不湿的潮润状态

兰花根部要求通气，土壤要求疏松、排水良好。切不能过于潮湿；过湿则根部呼吸作用受阻，经常引起根部腐烂或感染病害，导致死亡

野生兰花多生长在排水良好的山坡上，其根系大多横向生长

兰花是比较耐干旱的植物。它有假鳞茎，能贮藏水分，叶有厚的角质层和下陷的气孔，使水分不易散失，因此能忍受暂时的干旱。但是，兰花要生长发育良好，一定要有适量的水分

·兰花原生环境良好的水分条件

兰花生在山上，长在山上，其性亦随山。山间常有云雾缭绕，雨量适中，空气湿润。在 2 ~ 3 月份的早春，空气湿度比较低，空气相对湿度 70% ~ 80%；春末至秋末雨水比较多，山林中经常云雾弥漫，空气湿度特别高，空气相对湿度经常在 80% ~ 90%。土壤水分与空气湿度的变化相似，并且受地形影响较大。冬春季雨水少，土壤含水量较低；夏秋季则相反，土壤含水量较高。当然，兰花种类不同，也有所区别，建兰、蕙兰喜欢偏干，墨兰、寒兰喜欢偏湿

兰花的根为肉质根，喜润，但怕湿，不能浇水过多，否则基质长期潮湿，容易烂根。有时在不燥的条件下，基质干些也不怕。润而不湿、干而不燥较适宜，以七分干三分湿为佳。

要做到：旱季盆湿润，雨季不过湿；冬春过干则浇，夏秋过湿则控；春要足，夏要够，秋不干，冬不湿。须注意，对于兰花的浇水不宜过勤

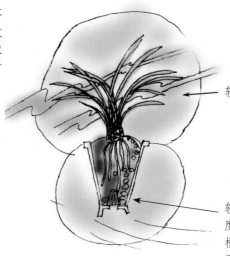

较高的空气湿度

较低的基质湿度。基质过干则根瘪，基质过湿则根烂

·兰花对湿度的要求

此种盆栽法将根提高到盆面上，将基质筑成面包状。盆面以上部分的含水量比盆内的低，这样有利于假鳞茎周围基质水分蒸发，可避免"烂头"（品芳品摄）

（四）对通风的需求

空气湿度与通风是矛盾的双方，多通风就降低了空气湿度。

在空气潮湿或闷热的环境中养兰，通风十分重要。通风可以促进兰花的呼吸作用；不断供给兰花新鲜、干净的空气，有利于新陈代谢；可以调节兰室、兰棚内的温湿度，有利于兰花生长；还可防止病虫害的发生，因为大多数的病虫害都是因通风不良而发生的。

但是，在高层阳台及北方干燥多风的环境中养兰时，提高环境的空气湿度那就显得比通风更为重要了。

北京冬春季吹刮的干风、江浙闽粤等地的夏季台风以及春秋的燥风等对兰花的生长十分不利，因此，为了保持较高的空气湿度应当少通风或适当通风。

工厂常会排出大量的有毒污染物

空气污染

煤炉

汽车尾气

·严重污染的空气不利兰花生长

贰

二

·阳台养兰的环境条件·

（一）阳台养兰存在的主要问题

　　阳台养兰的条件相对较为恶劣，如：有的日照强烈，有的日照不足；温差变化大；风力大，夏天吹热风，冬天吹寒风；易干燥，保湿难等。所以在阳台养兰要比地面栽植难度大。

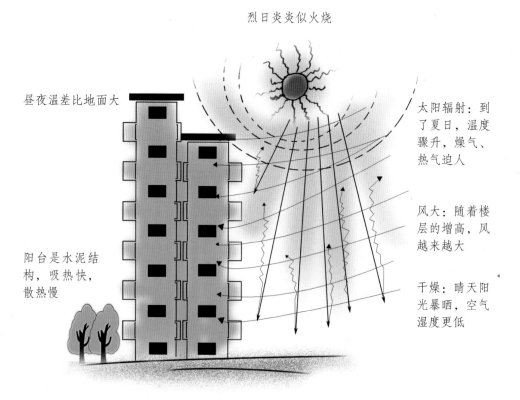

·现代高楼的光温水条件（一）

　　越是高层的阳台，日照越长，光照越强；楼层越向下，日照越短，阴暗的时间越长，而空气湿度相应有所提高。当盛夏烈日当空时，光照越强的地方，兰株所接受的光和热越多，基质和兰株的水分蒸发量越大，兰株越容易染病、变弱（甚至枯死）。又因阳台突出在外，空气流动大，空气湿度较低。因此，光照过强、空气湿度过低是阳台养兰的主要问题，成为阳台养兰所必须解决的两大主要矛盾。除此之外，昼夜温差比地面大，城市的空气污染较重，也对阳台养兰不利。值得一提的是，阳台养兰还要注意安全。

虽是高层阳台，由于楼与楼的间距小，相互遮蔽，也会出现光照不足的问题

高层无所遮蔽，光照过强

同树顶等高以下至三层间阳台最佳

越向上空气湿度越低

越向上越强

空气湿度

光照强度

低层的阳台受外围环境的干扰，往往光照不足

一、二层楼阳台空气湿度理想，但光照太暗；三、四层楼阳台空气湿度、光照佳；八层楼以上空气湿度低，光照过强

·现代高楼的光温水条件（二）

并列的两栋楼，因靠得太近，楼间的阳台光照不足，无法养兰。朝外的阳台光照比较充足，但最好选择南向和东向阳台

南向的阳台，在绿化树树冠顶等高的楼层上下两三层阳台养兰最好。过低时光照不足，但空气湿度足够；过高时通风过大，空气湿度不足，但光照却足够

树木在冬季落叶，到了夏天树叶茂密。在树冠等高的楼层东向阳台养兰最好

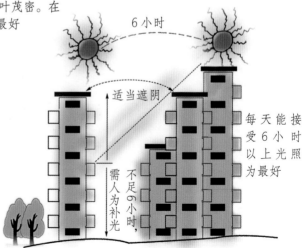

·现代居住楼房阳台光照情况

东
南

东南和南
向阳台养
兰最佳

树木水分的蒸腾

山气

地气

水汽

· 理想的养兰环境

近山边或湖边或公园边的楼房，空气清新湿润，适于养兰

楼房依山而建，东面开阔，无所遮挡，光照充足，空气清新湿润。在如此的楼房阳台养兰，那是养兰者梦寐以求的事

山边楼房的阳台，山风常袭，清爽湿润，除山边高层阳台要适当遮阴外，通常都能把兰花养好。可将粗兰和喜光的品种置于阳台外栏墙台上，而将精品兰和喜阴的品种置于兰架中，兰架下设置浅水池

人感觉舒服的环境，兰花生长良好。这个花园式住宅，其北面是深圳市梧桐山风景区。花园中有一个大型的游泳池，绿化良好，如此花园中的阳台养兰是较理想的

（二）不同朝向阳台的养兰条件

1 南向阳台

城市楼房阳台大多是南向，正好能满足兰花对光照的需求，这为养好兰花创造了一个极为有利的条件。

冬季，太阳从东南方向升起，可使整个南向阳台充满温暖的阳光。春季阳光较充足。随着春天的逝去和夏日的来到，太阳也从由东南方升起转为从东方甚至偏东北方向升起，当顶而过，阳光直射阳台的面积逐渐缩小。盛夏季节，阳光完全射不到阳台内，然而由于楼房阳台前无障碍，散射光充足，因此完全能满足兰花生长的需要。秋季，新苗渐渐长成，射入阳台的阳光逐渐增多。总之，南向阳台养兰较理想。

在夏天高温季节，上午9时后放下帘子遮阴，下午4时后拉上帘子通风

夏天，早上10时后就接触不到直射光

进入秋天，阳光就能充分照射到，白天有2/3时间能晒到阳光

中午至下午的阳光过强，必须遮阴

南向阳台

早晨可让兰花多接受晨光

同时能接受到太阳东升时的霞光或西落时的霞光

·南向阳台的光照与管理

2 北向阳台

北向阳台阴凉，但冬季光照不足，易受寒风吹袭，夏季西晒阳光太强，若不进行改造和补光，难以养好兰花。

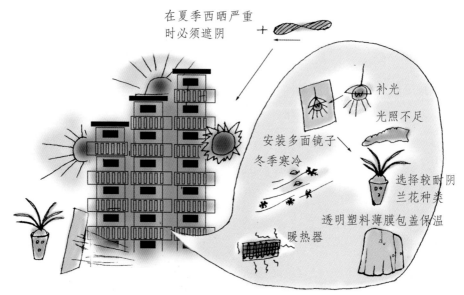

·北向阳台的养兰条件

3 东向阳台

东向阳台是莳养兰花较理想的阳台，它能接受晨光，又能避午后烈日。从晚春至中秋，如上午10时后仍有阳光照射，而且光照过于强烈，则应遮阴。

4 西向阳台

西向阳台，下午阳光强烈，易受西南风吹刮，空气湿度低，一般不宜养兰。如养兰，则从晚春至中秋，凡晴天都应遮阴。一般春秋季节用单层遮阳网即可，炎夏应用双层遮阳网。为方便管理，最好能将阳台封闭起来。

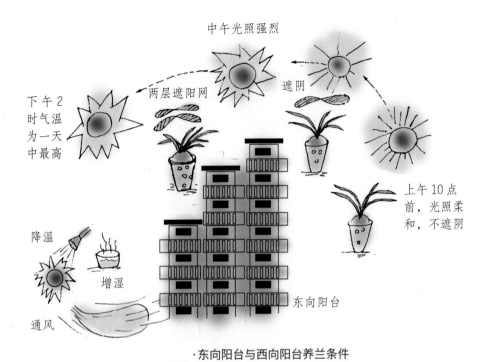

·东向阳台与西向阳台养兰条件

5 东南向阳台

　　东南向阳台兼具东向阳台和南向阳台的优点，冬季阳台光照充足，夏季可避开西晒阳光，通风条件也较好，因此是最理想的养兰阳台。

·东南向阳台养兰条件

（三）不同楼层阳台的养兰条件

不同楼层的阳台，其养兰条件不同。一般而言，楼层越高，光照越强，但空气湿度越低；楼层越低，光照越弱，但空气湿度越高。

陈宇勒说兰

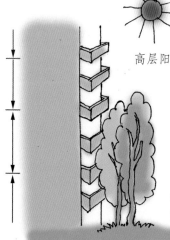

空气湿度低，通风、光照过强，反射光也强烈

空气湿度尚可，但光照过强

光照最佳，空气湿度也较理想，莳养兰花最为合适

空气湿度理想，但光照不足

高层阳台阳光非常充分

低层阳台的通风情况比高层阳台差

以阳台前有近4层高的绿化树为例

·不同楼层的阳台养兰条件不同

低层的南向阳台非常适宜莳养兰花：阳台离前面的树木近10米，树木完全遮不到阳台；阳台东边是低矮的绿化花卉，能接受到早上的太阳光；西边受相邻阳台遮挡；前面树木和周围草地有利于保持较高的空气湿度

这是一个低层的朝南阳台。这个阳台养兰有许多优点：东面和南面没有高楼遮挡，虽有高大的绿化树木，但遮不到阳台；西面有高楼和树木遮挡，可避开西晒阳光；周围的树木和阳台前的草地有利于保持较高的空气湿度

这是上图阳台的外观。在防盗网上系上铁线，挂上遮阳网。光照强时遮上；冬季将遮阳网除去，尽量让兰花多接受光照。冬季严寒时可用透明塑料薄膜密封防盗网

三 · 阳台环境的改造 ·

（一）阳台的改造方法

　　阳台有东西南北朝向、高低层之分，其光温水条件迥异，因此阳台养兰必须根据阳台的客观环境条件，参照兰花对各种条件的需求，进行合理改造。

陈宇勒说兰　　陈宇勒说兰

　　阳台的改造，除营造有利于兰花生长的环境之外，还必须考虑阳台的安全、美观，以及晾衣的功用。

阳台养兰存在诸多不利因素

兰花原生环境

人工模拟

缺乏地面上自然、持久的湿润空气

雾气环绕

"花花"阳光，充足散射光

半阴、清爽

山中流水潺潺

·阳台环境条件与兰花原生环境条件有较大差距

改造成

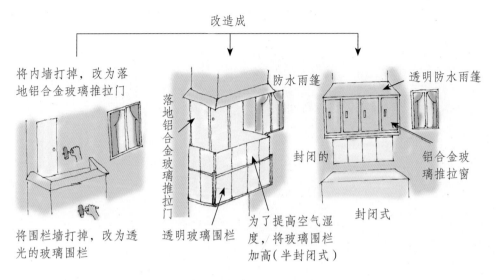

将内墙打掉，改为落地铝合金玻璃推拉门

落地铝合金玻璃推拉门

防水雨篷

透明防水雨篷

封闭的

铝合金玻璃推拉窗

将围栏墙打掉，改为透光的玻璃围栏

透明玻璃围栏

为了提高空气湿度，将玻璃围栏加高（半封闭式）

封闭式

·光线不足的低层阳台的改造

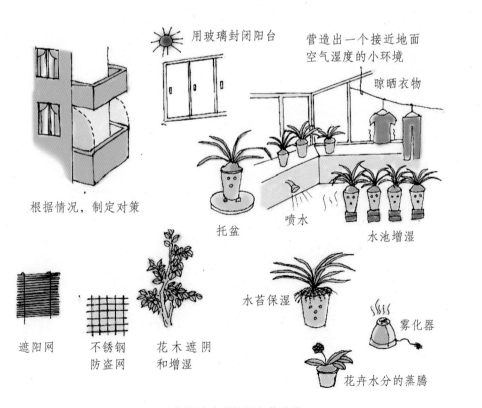

根据情况，制定对策

用玻璃封闭阳台

营造出一个接近地面空气湿度的小环境

晾晒衣物

托盆

喷水

水池增湿

遮阳网

不锈钢防盗网

花木遮阴和增湿

水苔保湿

雾化器

花卉水分的蒸腾

·空气湿度太低的阳台的改造

一般南向阳台的面积有3~4米²，大多与客厅、书房或起居室相邻。如建筑条件允许，可根据养兰需要，打掉该隔墙，留足阳台面积。再装上铝合金玻璃推拉门，使阳台与内室分隔。这样室内采光改善了，而且满目翠绿，富有自然的野趣

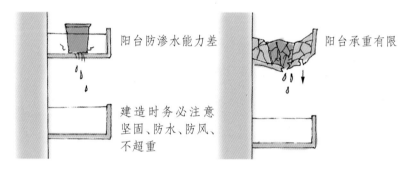

阳台防渗水能力差

阳台承重有限

建造时务必注意坚固、防水、防风、不超重

·改造阳台必须注意安全

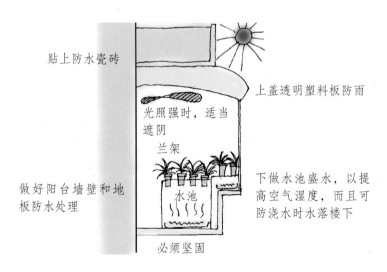

贴上防水瓷砖

上盖透明塑料板防雨

光照强时，适当遮阴

兰架

做好阳台墙壁和地板防水处理

下做水池盛水，以提高空气湿度，而且可防浇水时水落楼下

水池

必须坚固

·将阳台改造成理想的养兰场所

晾晒的衣物能遮挡强烈的光照

一般都是 1.1 米宽的标准阳台

内侧面离开墙壁 10 厘米处摆放 60 厘米宽、80 厘米高的不锈钢或铝合金兰架

养兰与晾衣要合理分配面积，晾衣应晾在阳台外侧面，要有 30 厘米宽

兰架下铺塑料布，再铺上地毯，平常在地毯上喷水增湿，以提高空气湿度

·晾衣、养兰两不误

（二）改建成敞开式阳台

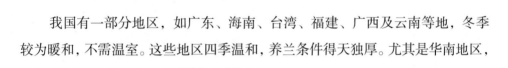

我国有一部分地区，如广东、海南、台湾、福建、广西及云南等地，冬季较为暖和，不需温室。这些地区四季温和，养兰条件得天独厚。尤其是华南地区，空气湿润，四季温暖，不必将阳台封闭。

图示为敞开式阳台的外景。阳台内种植多种花草（适宜阳台栽种的花木有石榴、山茶花，以及攀援植物牵牛花、金银花、常春藤等）。在花草中莳养兰花较理想。阳台棚顶上用透明的遮雨材料，尽量多让光线射入阳台

图示为二楼南向阳台，前面有高大的树木遮挡了阳光，导致阳台光照不足。为增加阳台的进光量，将阳台的雨篷改造成可透光的透明塑料板，在其下面和防盗网上各安装一层遮阳网。将原来1米高的外栏墙改造成0.5米高，在上面安装"z"字形兰架。在兰架上方安装植物灯以做补光之用。为防浇兰时水落楼下，在兰架下用不锈钢板做3厘米高的贮水盘。在空气湿度不足时可贮水提高空气湿度。如果冬天寒冷（气温低于0℃），则应在防盗网外边挂透明塑料薄膜，以御寒保暖

图示为四楼的南向敞开式阳台，与其前方的树木等高。阳台的光线充足，故在阳台的外栏墙上放喜光的洋兰。为利用空间，在外栏上、不锈钢防盗网内侧焊架子，这段不设遮阳网。阳台西面因有西射阳光，在防盗网上加挂遮阳网。因阳台通风好，将兰盆直接置于阳台地面上

减少通风，提高空气湿度

建兰铁骨素、大青之类，喜欢光照，比较粗野，用大盆栽种，可放置于外栏上

阳台外围栏上摆放喜光的花卉

兰架设计矮些

砖块

水池或沙池

根据季节、光照的强度，砖块垫高或放低兰架

·敞开式阳台兰花的布置

植物灯

玻璃

纱布

小型换气扇

吸水布条

用不锈钢或木材搭成兰架

水桶

固定安装在阳台靠房的墙壁上或阳台一角

·敞开式阳台中壁挂式兰架

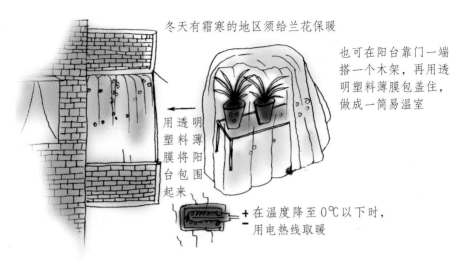

冬天有霜寒的地区须给兰花保暖

也可在阳台靠门一端搭一个木架，再用透明塑料薄膜包盖住，做成一简易温室

用透明塑料薄膜将阳台包围起来

在温度降至0℃以下时，用电热线取暖

·敞开式阳台中的简易温室

（三）改建成半封闭式阳台

在长江中下游地区，以及云贵川部分地区，冬季兰花在完全敞开式阳台越冬有风险，可以将阳台改建成半封闭式。

敞开式阳台风过大，兰花直接受强风

西晒阳光强烈，玻璃能反射和过滤部分光线

西北向多吹干风

东南向多吹温暖湿润的和风

南向阳台的西边

此面及南面的部分用玻璃或阳光板封闭或遮挡

围栏平台可放置一些喜光的花草，既增湿，又遮光

冬季低温时，用透明塑料薄膜将敞开的部分封闭

阳台上的兰架可以略低，但兰盆不可直接置放于地面

空气湿度不足，建水池，安装雾化器

·半封闭式阳台（一）

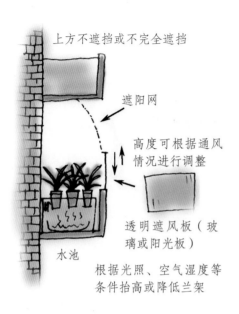

上方不遮挡或不完全遮挡

遮阳网

高度可根据通风
情况进行调整

透明遮风板（玻璃或阳光板）

水池

根据光照、空气湿度等
条件抬高或降低兰架

·半封闭式阳台（二）

在西风和北风大的地方，楼两端的阳台往往成为风的通道，可在通道的一侧安置玻璃窗或用阳光板遮挡

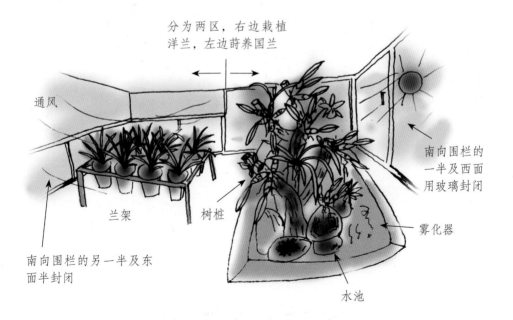

分为两区，右边栽植
洋兰，左边莳养国兰

通风

兰架

树桩

南向围栏的另一半及东面半封闭

南向围栏的一半及西面用玻璃封闭

雾化器

水池

·南向半封闭式阳台

（四）改建成封闭式阳台

阳台风大、干燥，这是养好兰花的最大障碍。为了改善阳台环境条件，提高空气湿度，可封闭阳台。

封闭式阳台常用铝合金、钢、木框结构玻璃窗封闭，它具有与园艺上使用的玻璃房温室相近的一些特性。与开放式的阳台相比较，封闭式阳台具有光强度小、温差小、空气湿度高、不受风雨干扰，以及易受人工调控等特点。

用玻璃封闭的阳台，在冬季本身就是一个小型温室，兰花无需入室

东北、西北及华北大部分地区，冬季过于寒冷，室外不适于兰花栽培

铝合金玻璃推拉窗封闭

从10月下旬或11月上旬到翌年4月下旬，有半年时间必须将兰花搬进室内或封闭式阳台内栽培

·东北、西北及华北大部分地区必须封闭阳台

封闭式阳台雨天或喷水后空气湿度可达90%，但持续雨天时较外面低些。
一年四季的变化规律与大自然相似，只是变幅小，更有利于兰花生长

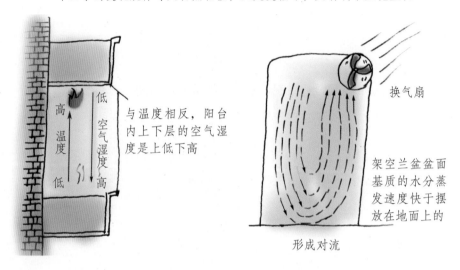

与温度相反，阳台内上下层的空气湿度是上低下高

换气扇

架空兰盆盆面基质的水分蒸发速度快于摆放在地面上的

形成对流

·封闭式阳台空气流通情况

这是北向封闭式阳台的一角。冬天北向阳台射不到阳光，日照不足，而夏天却又能照射到阳光，下午光线过强。北向阳台的温差大，冬天常有季风或地形风，必须有挡风设备。在冬季有霜寒和冰雪的地区最好封闭阳台。最好能安装植物灯加以补光，可夜间开灯，白天关掉。夏季早晨不必遮掩，上午9时以前的光线较柔和，多照无妨。西晒严重时，必须悬挂遮阳网遮光

这是一位上海兰友在北向阳台设置的玻璃温室。他的阳台风大，常有季风或地形风吹袭，所以，安装铝合金玻璃推拉窗。因阳台靠近卧室，为防湿气影响人体健康，故在阳台内再安装玻璃温室。框架用铝合金，镶上玻璃。又因北向阳台冬春季日照不足，故在背面安装镜子，上面安装日光灯管。兰架下置有水盆，兰花上方安装两个小型风扇，以利室内空气流通。兰室与阳台内外栏间留有30厘米宽的走道，以便观赏和管理

有的公寓阳台，因种种原因，不能用整个阳台栽种兰花，可以采用玻璃箱莳养法。小型的箱或框高约60厘米、宽约35厘米。里面一面镶上玻璃镜子。这种箱、框也可以摆设室内。如果用于室内摆设高档兰花，应在房屋装饰前，进行设计安排。一般可种植10~20盆兰花

这是一个南向的"L"形阳台。原来的阳台较小，而且同客厅隔着砖墙。为了养兰，将砖墙打掉并向客厅内移1米，安装落地铝合金玻璃推拉门，这样阳台就变得宽阔了。考虑到阳台的环境卫生，在兰架上安装有贮水盘，承接兰盆的滴水，平时在水盘上存放1厘米高的水。兰架边上安装有小型风扇。兰架四脚下还安装便于移动的移动轮

这是上图阳台的左边一角，阳台外栏墙是用铝合金玻璃推拉窗封闭，一般不用遮阳网遮阴。兰架受光的地方摆放喜光的建兰和蕙兰。中午光照强时，可把兰架内移。这种密封式阳台夏季温度在40℃以上时，可将窗关严，室内开空调，打开落地推拉门一两扇，让冷气流到阳台

在黄河流域以北地区莳养兰花，阳台必须改造成温室型，阳台窗户和顶部最好使用双层玻璃设计，这样才可避免冬季热量散失

现在大多数阳台都有近1米高的外栏围墙，围墙上方安装不锈钢防盗网，阳台养兰时再在防盗网内侧安装铝合金玻璃推拉窗，顶上覆盖阳光板做成的雨篷，以防雨水。这种封闭式阳台的光照时间与敞开式阳台基本一致，但光照强度比敞开式弱一些

晴天，有强烈太阳光照射的中午，拉下遮阳网遮阴

干燥天气，可完全或适当关闭门窗，以增湿降温。
燥热天气，关闭门窗，开动换气扇抽走热气

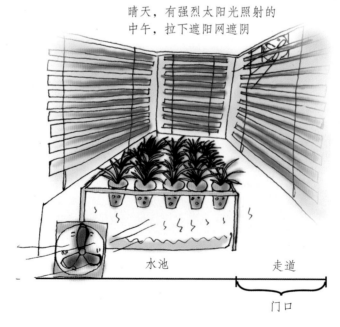

水池　　　　　　走道

门口

·南向封闭式阳台兰架的摆放

（五）改建成阳台生态兰室

采用现代化的半自动或全自动控温、调湿、通风、给光、供水、喷雾等管理设施，可有效地避免不利因素的干扰，发挥科学养兰的优势。

陈宇勒说兰

这种兰室通过换气扇吸气将水帘中的水分带到兰室中，使兰室形成一个微风吹拂、湿润、凉爽的环境。兰室一边上方安装一排换气扇，对面安装水帘设施。周边和室顶全部用铝合金做框架，封装玻璃。两边为铝合金玻璃推拉窗。其大小可根据阳台的大小建造

水帘设施的外形。水帘的水循环是通过水泵将水缸中的水抽至水帘上方的槽中，然后均匀地流经水帘回流到水缸。水帘能过滤空气中的部分污染物，所以水缸的水要定期更换

兰室自动控制设施（兰室智能控制系统和间歇开关节能电器）

此小型兰室,配置有自动控温、调湿、进风、排风、给光、喷雾等管理设施,适于放置在环境条件差的阳台

自动控制的双筒式雾化器

温湿度自动化控制箱

图中左边的仪器是空气湿度控制感应器,右边是温度感应探针

栽种兰花不多的兰友,可设计一个类似图中的花柜式小型温箱,它由兰架、贮水盘、水帘、循环水管、水泵、水桶、灯管、换气扇、玻璃、镜子、铝合金框架等构成。图示为一个具有自动控温、控湿、补光等功能的小型温室,可置于室内,也可置于阳台

（六）兰架的制作

　　兰花放置在兰架上莳养和放置在地面上莳养效果不大一样：前者由于光照较充足，通风透气，兰苗根系粗壮发达，假鳞茎早形成、结实饱满，兰株健壮，发芽率、着花率均较高；后者相对光照较弱，通风透气较差，兰苗根系少而细，假鳞茎小而迟成熟，兰株孱弱，着花率、萌芽率明显较低。

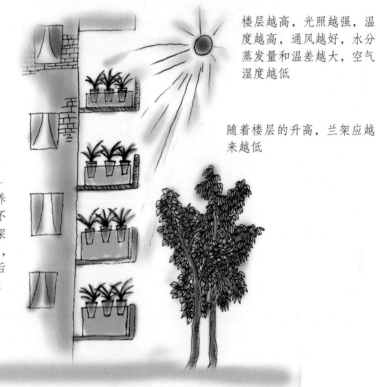

·兰架高度的调整

　　兰架通常有平台式和阶梯式两种。平台式兰架是最常用的兰架，因为在日常管理操作时比较方便。任何形式的兰架设计都应以有利于兰花接受阳光、上下空气流通为目的。

铝合金玻璃推拉窗

条距间宽分别为12
厘米（置兰盆）和
8厘米（行距）

兰盆搁置于浅水槽
的兰架上

在水槽一边的兰架上
安装小型的换气扇

兰盆架高一般为50厘
米左右

水槽装水

角钢做框，中间用方钢
或镀锌钢管焊接而成

兰架的脚上安装移动轮，方便
移动兰架

·平台式兰架

如阳台外沿是玻璃围栏的，可在阳台内墙建造两层的平台式兰架

有些家庭只有一个阳台，要考虑到衣服的晾晒和行走的方便，阳台养
兰最好将兰架做成阶梯式

4层阶梯兰架（雅兰添香摄）

多层兰架，斜放兰盆，
以充分利用空间

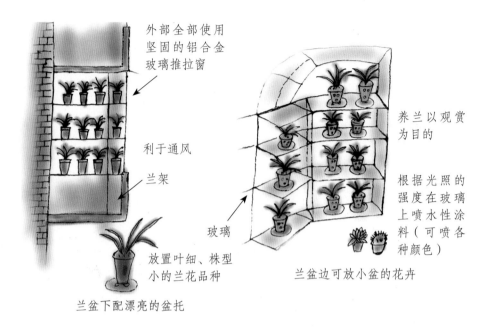

外部全部使用坚固的铝合金玻璃推拉窗

利于通风

兰架

玻璃

养兰以观赏为目的

根据光照的强度在玻璃上喷水性涂料（可喷各种颜色）

放置叶细、株型小的兰花品种

兰盆边可放小盆的花卉

兰盆下配漂亮的盆托

·阳台书架式透明装饰柜·

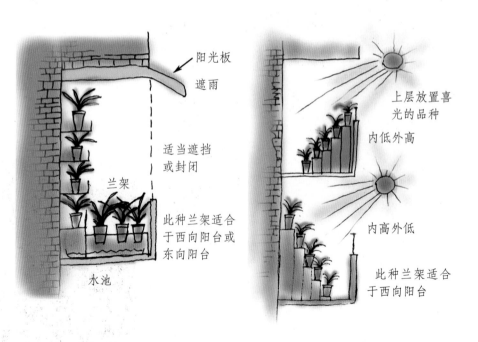

阳光板

遮雨

适当遮挡或封闭

兰架

此种兰架适合于西向阳台或东向阳台

水池

上层放置喜光的品种

内低外高

内高外低

此种兰架适合于西向阳台

·兰架的布置形式（一）·

·兰架的布置形式（二）·

封闭式阳台的平台式兰架最好与窗台持平，兰盆坐架后兰株略高于窗台。这样既能保证空气畅通，又有利于兰株接受光照，也方便观察

钢材兰架过大，若在室外焊接，完成后难以搬进阳台，必须在阳台焊接

·兰架的放置位置

肆

四

· 基质的选配 ·

（一）对基质的要求

基质要求疏松、透气排水、微酸，无病菌、无害虫、无毒、无污染，忌干燥或黏重、过酸或过碱、发酵过程发热。

基质的选用与兰盆大小、质地（致密还是透气），兰花种类、数量，阳台的光照、通风、温度、湿度条件，以及养兰方法等许多因素有关。这些因素在选用时要综合考虑。经验缺乏者，种后应细心观察，若经一两个月后所栽的兰花尚无起色，且确认不是管理出问题，说明所选用的基质不适宜兰花生长，这就应换基质。换基质次数不宜太多。

现代养兰，无土颗粒基质栽培逐渐取代了传统上的土质栽培。

1 基质的酸碱度

兰根最适合生长的基质酸碱度为 pH 5.5 ~ 6.5。基质酸碱度高于或低于这个范围，都会阻碍根系生长。

木炭、砖粒等

腐殖土（腐殖土一般为弱酸性）

养分更加充足

采用多种基质混合均匀后使用，不同基质的酸碱性可以中和，且养分也可相互补充。北方的土壤多为碱性，可与含酸性的泥炭土、仙土及从南方运去的腐殖土等适当掺杂搭配

用混合基质栽培，效果比单一基质好

·基质混合使用好处多

2 基质的保水性和物理性能

砖块、石子等结构致密的硬颗粒基质，吸水保水能力差，保肥力也差，但透气性好；而木屑、水苔等海绵状的基质吸水保水能力很强。同种基质，颗粒越大，吸水保水能力越差；颗粒越小，则吸水保水能力越强。用大颗粒基质养兰，颗粒间形成许多空隙，易使水分流失，浇水应勤些；而用小颗粒基质养兰，其保水性较强，透气性较差，浇水不能过勤，否则会引起烂根。另外，基质上盆后，会随栽培时间的延长而保水性增强。

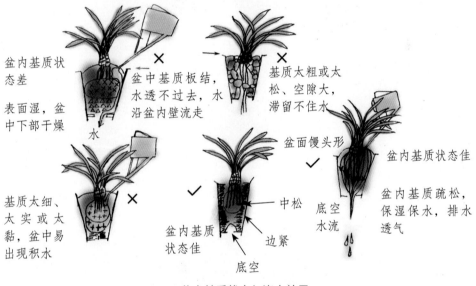

·盆内基质状态与浇水效果

栽培时，可将吸水保水能力差、透气性好的基质，适当掺入吸水保水能力强的基质中混合使用。例如在地面上养兰，可采用砂质土壤作基质。由于地面湿气的调节，基质经常能保持湿润而不板结状态。但在阳台上养兰，缺少了地面湿气的调节，稍不留心或栽培时间过长，就容易造成土壤板结，水浇不进，气流不通，影响兰株的正常生长。若加入粗颗粒基质（如石子、砖粒），就可以解决问题了。

值得注意的是，一些表面毛糙的基质要经过打磨，使其表面光滑。

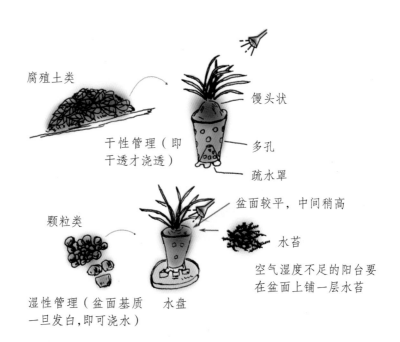

腐殖土类

干性管理（即干透才浇透）

馒头状

多孔

疏水罩

颗粒类

盆面较平，中间稍高

水苔

空气湿度不足的阳台要在盆面上铺一层水苔

湿性管理（盆面基质一旦发白，即可浇水）

水盘

· 干性管理与湿性管理

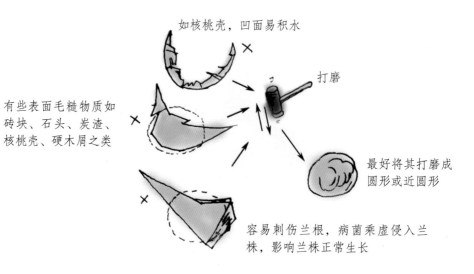

如核桃壳，凹面易积水

打磨

有些表面毛糙物质如砖块、石头、炭渣、核桃壳、硬木屑之类

最好将其打磨成圆形或近圆形

容易刺伤兰根，病菌乘虚侵入兰株，影响兰株正常生长

· 表面毛糙的基质要经过处理

（二）基质的种类

兰花基质按其性质不同，大致可分下列 8 类。其用法也因其性质不同而有差别。

1 石料

石料有膨胀石、海浮石、珍珠岩、植金石、兰石（塘基石）等。

膨胀石吸水、透水性能好，较轻，且有肥分，很适宜兰花生长。使用时要捣碎，过筛，去其泥粉。按石粒大小分类，盆的上下可用指头大小的石粒，中间可用黄豆或花生米大小的石粒。

海浮石又叫水浮石，质轻，可浮于水面，排水透气性能也好，其用法与膨胀石相同。用时先用水洗去粉末及盐分。也可只用于盆底和盆面，中间用泥料。如嫌全盆用海浮石太轻，则可掺一些其他石料。

植金石

珍珠岩是一种矿砂经预热、瞬时高温焙烧膨胀后制成的具有蜂窝状结构的颗粒。其用法基本与上述两种石料相同。因其质较轻，使用时可加新鲜河沙或在盆面铺上水苔，以固定兰根。

植金石是经人工加工制成的一种火山石，其特性与珍珠岩相似。

珍珠岩

上述石料具有排水透气性能好、不易烂根、不易滋生病菌、符合卫生要求等优点。这类石料因含肥少，种植叶艺兰最佳，可防"走艺"。种其他兰花时，要注意施肥，以满足兰花对养分的需求。

2 土料

土料有仙土、塘泥、火烧土、腐殖土、泥炭土等。

仙土，团粒结构好，透气性能强，有利于发根。但它易干燥。多与植金石混合使用。

仙土使用前要在水中浸三四天，让水渗透后方可上盆

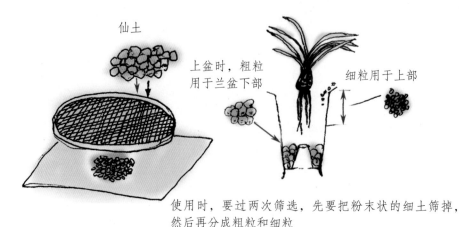

仙土

上盆时，粗粒用于兰盆下部

细粒用于上部

使用时，要过两次筛选，先要把粉末状的细土筛掉，然后再分成粗粒和细粒

·仙土种植法

塘泥宜用老鱼塘中塘心的泥，其质地硬而细腻，青黑色。将其晒干剁碎，筛去泥粉，分出大小颗粒备用。好的塘泥质地坚硬，浸水数月也不会溶化，其排水、吸水、保水性能都很好，但养分过量，易生杂菌，宜同石料混合使用。有的塘泥因质地松脆易溶化，上盆浇水数月后即板结，这种塘泥不宜用于种兰。

质地坚硬的优质塘泥

火烧土不宜烧得过透，太透则干燥，兰根不易生长。土经火烧后不易黏稠，其排水、保水性能都佳，且含钾量大。

腐殖土性能不一，宜用水试浸。如太黏稠、排水差又易板结，不宜采用；如水浸后仍较蓬松，可以使用。理想的腐殖土松软，

腐殖土

抓不成团。用时先洒水湿润，以手紧握成团、放开松散为度，以便上盆操作。

泥炭土要测试其酸碱度。pH 5 以下者过酸，宜掺一点草木灰、骨粉。pH 6 ~ 6.5 者可单独用。泥炭土常是成团成块的，用时可先晒干，然后砸成碎块，加上其他基质。

目前，市面上也有加工成细圆柱状的混合土料出售。

凡用土料栽培的，盆底最好填以盆高 1/4 ~ 1/3 的石料、陶料，以利于透气排水。

3 砂料

砂料有河砂、黄豆粒大小的砂粒、风化岩风化的岩砂等。

粗砂粒

砂料宜掺七成左右的木屑（以培育冬菇、木耳菌种的废弃培养料里的木屑最佳，其促根效果好）。还可掺两三成的火烧土或腐殖土，以增加基质的肥分，提高保水性。

风化岩风化的岩砂，宜先筛去砂粉，以免影响排水、透气。

砂料排水性能好，应注意水分和肥分的补给。

4 渣料

渣料有煤渣（注意不是煤灰）、蔗渣、棉渣、贝壳渣等。

煤渣甚轻，可砸碎成砂粒状，筛去粉末，并用水反复冲洗，退其火气，然后掺糠料用。其优点是既方便、省钱，且栽植效果好，但煤渣有一定放射性，不宜多用。

蔗渣要反复冲洗，去其糖分，然后剁碎，并经过1年左右的沤制方可使用。也可掺其他基质。

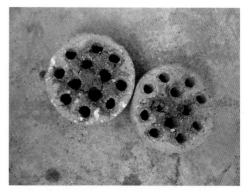

煤渣使用前必须在水中浸泡一段时间。湖北一带常用来栽兰花，通常将其放置1年后使用

棉渣是纺织厂的下脚料，有的还夹杂有少量的棉籽，可经过沤制后，掺其他基质。

渣料的特点是蓬松而质轻，排水、保水性能都较好。但渣料本身含较少肥分，注意适时施肥。

5 糠料

糠料有木屑（木糠）、椰糠（椰子外壳粉碎成的糠状物）等。

椰糠

各种木屑最好是先用开水浸泡几次，以去其树胶，然后在阳光下暴晒杀菌后，用水浸一两天后再用。不经沤制也可直接使用。

椰糠是商品化基质，可直接用于种植。

糠料最好掺 3/10 左右的砂料或细陶料或煤渣等，这样排水性能更好。糠料保水性能比石料、陶料、砂料都好，可不必过多浇水，但其肥分比不上泥料，要适当施肥。

6 植物纤维料

植物纤维料有水苔、树皮、芒秆、芦苇茎根、麻料和蕨根（蛇木）等。

水苔为苔藓植物晒干后的植物体，其保水力极强，多用来铺盖盆面保湿

水苔易酸化，过 3 个月至半年即酸化，要更换。适宜短期栽种。其他植物纤维料一般须用水煮过，使其脱去糖分和胶质，然后剁碎晒干，混合其他基质（除土壤之外）。生纤维容易发热而伤兰根。

7 壳料

壳料有谷壳、花生壳、核桃壳（敲碎）、笋壳等。

谷壳、花生壳、核桃壳均应适当沤制后使用。笋壳宜煮熟晒干，切碎沤制后使用。

壳料宜掺糠料或砂料，可用于栽培各种兰。

8 粪料

粪料主要指吃草动物如牛、马、羊的干粪。

它一般混合渣料、砂料、糠料、植物纤维料后使用，用于栽培各种兰。其以透气、排水且具肥分而见长。这类基质易诱发白绢病，使用时宜同颗粒基质混合。使用前必须用农药消毒灭菌或经过暴晒。

图示基质（从左到右），最上一排是椰子壳块、水苔和泥炭土，中间一排是塘基石、水苔和石砾，下面是仙土、椰子壳、树皮、水苔、塑料泡沫块、陶粒、蕨根和营养土

（三）混合基质的配制

混合基质应有一半为颗粒状、不易被水化解的基质，如仙土、兰石、砖瓦碎、粗石等，即硬基质；另一半可用腐殖土（腐叶土）、泥炭土等疏松、富有营养成分的不成形基质，即软基质。在混配时可加入

郑为信说兰　　陈宇勒说兰

少量含钾的草木灰或炭渣（不含盐的）。酸、碱过强，盐过重或有毒的基质应经单独浸泡、清洗多次，确认无害后方可使用。人们常将上述两类基质混合后用于养兰。

兰友常用的混合基质：白色的为植金石，黑色的为仙土

兰友常用的混合基质：黑色的为仙土，白色的为兰石，棕黄色的为火烧土

基质应根据环境条件来选用。通风、采光好的地方，容易干的地方，可选用软基质；不容易干的地方，十几二十天不干，就要采用多种颗粒状基质。以下提供几种配方供参考（均指体积比例）。

①植金石 65%+ 仙土 35%。

②腐殖土 1 份 + 珍珠岩 1 份。

③腐殖土 50%+ 红砖碎（粒径 2 ~ 4 毫米）40%+ 腐熟木屑、谷壳各 5%。

兰友常用的混合基质：白色的是兰石，蓝灰色的是石砾，黑色的是蕨根、树皮及木屑等

④腐殖土 1 份 + 珍珠岩 1 份 + 腐熟小松树皮 1 份 + 塘基石 1 份。

⑤仙土 30%+ 竹根泥 30%+ 红砖碎或火烧土 20%+ 腐殖土 15%+ 木屑 5%。

⑥仙土 40%+ 红砖碎 40%+ 菜园土 10%+ 木屑、谷壳各 5%。

用珍珠岩、腐熟松树皮混合基质养出的兰根（我心飞翔摄）

用腐殖土、珍珠岩、腐熟小松树皮、塘基石等混合基质养出的兰根（郑为信研制）

⑦仙土3份＋兰石3份＋火山土3份＋水苔1份（盆面铺盖）。

⑧小石砾30%＋腐殖土20%＋河砂20%＋蕨根15%＋腐熟花生壳15%。

⑨塘泥（粒径1.5厘米）6份＋粗河砂（粒径0.3厘米）3份＋粗杉树木屑1份。

⑩红砖碎（粒径1.5厘米）50%＋牛粪干（撕碎）30%＋木炭（粒径1.5厘米）20%。

⑪煤渣（粒径0.8厘米）6份＋腐殖土4份。

⑫腐熟栗树叶75%＋兰石15%＋珍珠岩10%。

用腐熟栗树叶为主的基质养出的兰根（杨开摄）

伍

五

· 兰盆的选用 ·

（一）兰盆的种类及选用

现在市场上兰盆款式很多，各式各样。

瓦盆透气性好，水分蒸发快，有利发根。塑料盆透气性差，但价格低。紫砂盆的透气性介于上述两者之间，较美观。盆形主要有3种，腰鼓形、斜桶形和喇叭形。盆色有黑、红、紫、灰等多种。

养兰常用的有墨灰色的深筒瓦盆，高25～29厘米，下部盆壁上常有通气孔，盆底中央有排水孔。这种盆既透气又美观

红泥烧盆，笔者认为比黑灰色瓦盆好看。盆的透气性也比较好

塑料盆的优点是价廉，重量轻；缺点是透气性较差，如果浇水过多，容易造成烂根。根据情况适当钻孔，以增强透气性

紫砂盆，质地好，外形精美，透气性能尚可

兰盆的选用必须注意以下事项：

①以高筒盆为好。由于兰花根系发达，且需透气，故栽兰时盆内须垫上1/4～1/3的瓦碎、砖碎、木炭块等以利通气，因此选用深筒盆栽兰比较适宜。

②最好使用瓦盆。初学者最好用素烧的瓦盆，因为瓦盆透气性强，有利于兰花根系生长。若用塑料盆、瓷盆，经改良处理后方可使用。

③盆大小要适中。小盆栽兰，一是利于通风透气；二是便于控制水分；三是便于放置。但实际上，用盆的大小，应视兰株大小、数量而定。因为阳台有其特殊性（风大干燥、空气湿度低），而兰苗需要基质保持较长时间的湿润，若一天一干一浇水，绝对不利于兰花生长。盆大，基质保持湿润时间长，兰叶往往油绿且不烧尖。当然，如果盆过大，基质容易积水，也容易导致烂根。一般可选15厘米、20厘米、25厘米（分别种3苗、5苗、7苗）的陶盆或紫砂盆。

除了须注意上述三点外，还应注意，新的瓦盆等使用前，须用水浸泡一两天。兰盆应与兰株大小协调。力求用盆统一，忌杂乱，以便管理。兰盆和基质要科学搭配，如保水性能好的塑料盆和瓷盆要用透气性好的仙土、红砖碎等

新盆使用前最好用水浸泡，除去火气

风大的敞开式阳台，难以保湿

用大盆栽种的兰花，利于保持基质湿度

蕙兰和建兰生长强壮，最好使用大盆

·大盆栽种兰花也有好处

混合基质，透气性好的瓦盆要用保水性能强的腐殖土、珍珠岩等混合基质，这样才能扬长避短，充分发挥各自的优势。

（二）兰盆配件的选用

兰盆配件有垫盆底排水孔的垫物和水盘（托盘）。这两者都很受阳台养兰人的重视。过去地面上养兰常用瓦片挡住排水孔，不让土壤流失。在阳台上养兰，许多人仍这样做。这需要改进，因为那样做对通风透气不利。最好采用透气性好的疏水导气配件。水盘大小应与盆口相当。水盘的作用：一是可提高环境的空气湿度；二是在浇水时，防止水从排水孔流出，甚至流至下一层楼。

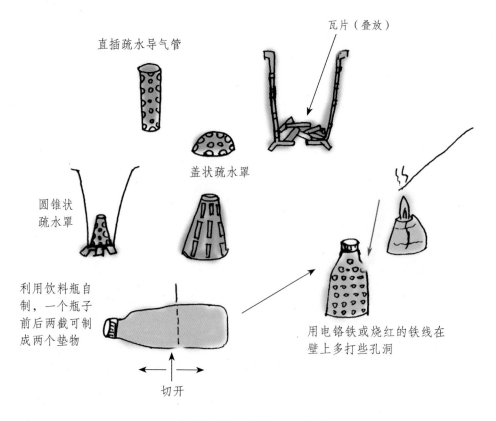

· 各式各样的兰盆疏水导气配件

用不锈钢细网卷成的漏斗形疏水罩

用饮料瓶制成的疏水罩

托盆是阳台养兰不可少的配件

陆

六

· 兰花分株与栽植 ·

（一）分株

当兰株长到满盆时，通常在 2～4 月或 9～10 月，气温较适于兰花生长时期，采用分株的办法，将一盆分为两三盆。在冬天和盛夏分株均不利于兰株成活，即使成活长势也不旺。由于兰花喜簇生，所以分

陈宇勒说兰　　徐哥兰花

株不要过细过勤，一般每 3 年结合翻盆进行一次即可。分株后的春兰每丛最少应有 2～3 株，蕙兰不少于 3 株，否则很可能出现倒苗。"勤分"固然"多发"，但苗往往较弱，还是少分养壮苗为好。特别值得注意的是，蕙兰单株栽培死亡率极高。

此外，也可不脱盆分株，其方法是：倒去盆面基质，用剪刀将连在一起的兰株切断，再覆盖上基质即可。等到有必要分盆时才将它们分离移植。这种分株方法不伤根，不影响兰株的正常生长。老假鳞茎分株后，可萌发新芽。

这盆春兰长到满盆，植株和根系都非常健康，晾干后将土轻轻抖掉，然后分株，分株后这种健康兰株不必消毒。若叶片有病斑或根有腐烂，就必须消毒

高锰酸钾溶液可用于浸泡消毒叶面有病斑或根有腐烂的兰株

选择晴天进行分株

在剪兰株之前，用打火机烧剪刀刀口

剪刀刀口也可用酒精等消毒

· 不脱盆分株（分株前的准备）

找准分切点，把切点附近的基质倒出

用剪刀对准切点，剪开假鳞茎间的连接茎。注意勿剪伤兰根

· 不脱盆分株（寻找合适的分切位置）

切口涂上广谱杀菌农药（如多菌灵）或草木灰，以防止伤口感染病菌

用小片塑料泡沫块塞入切口作分界标记

· 不脱盆分株（切后处理）

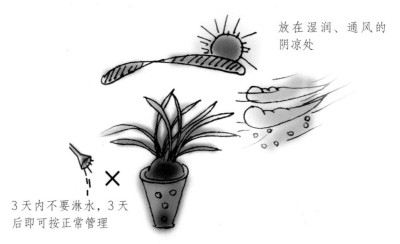

放在湿润、通风的阴凉处

3天内不要淋水，3天后即可按正常管理

· 不脱盆分株（分株后置于阴处）

兰花分株时会分出来一些老假鳞茎。如果将分离的老假鳞茎栽在兰丛旁边，效果不太好。因为老假鳞茎发新芽不需过多的养分，与健壮兰株同栽不利于发芽；一旦腐烂，还会传播病菌。因此，老假鳞茎应单独用沙培植。

老假鳞茎可以培养出新的兰株，名贵品种的老假鳞茎不可丢弃

培育前，先将假鳞茎用高锰酸钾溶液消毒，然后置于早上9点前的太阳光下晒1～2小时，接着用兰菌王或生根素溶液浸5分钟，晾干，最后种于干净沙或沙和水苔混合基质中

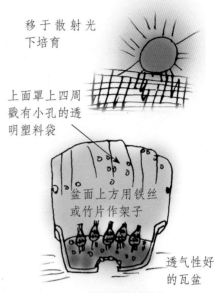

移于散射光下培育

上面罩上四周戳有小孔的透明塑料袋

盆面上方用铁丝或竹片作架子

透气性好的瓦盆

·老假鳞茎的种植

（二）栽植

徐哥兰花　徐哥兰花　兰花日记

1 栽植前的准备工作

栽植兰花前必须做好兰苗、兰盆、基质、消毒药品等的准备工作。

①兰苗的准备。兰苗的获得途径有自采、购买、兰友赠送和品种交流。不管何种途径得到的兰花，从适应性来看，有生草和熟草之分。

生草是指刚从山中采来的野生兰花，未经驯化，仍然保持着原始的习性。生草抗逆性强，一般较易栽培。

熟草是已经在人工条件下驯化栽培过两三年以上的兰花，包括一些早已适应地面种植条件的传统兰。一旦将其移至阳台上栽植，亦有一个环境变化的适应过程。一些现代化兰室栽培出的熟草，兰苗抗逆性差，难以栽培。

选购兰花时，除选择品种外，还应选择根健、苗壮、无病虫害的3株以上兰丛，以利成活和成长。

②基质的准备。将培养土过筛后进行消毒，粗土、细土分别放置备用。

虽然市售的基质大都注明经消毒灭菌，但不可靠，有必要再消毒一次。如果不事先对基质进行消毒灭菌，贸然使用，可能给兰花带来毁灭性的病菌。因此，宁可错杀有益微生物，也不能让病菌繁殖。有益微生物可以后补进，例如：在翻盆换土时，保留 1/3 ~ 1/2 的原土，只要确认里面没有病菌 (兰株健壮)，就可混入新基质；也可将兰菌王和保得等生物菌肥掺入高温灭菌后的基质里，

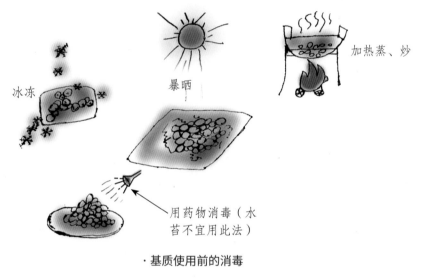

冰冻

暴晒

加热蒸、炒

用药物消毒（水苔不宜用此法）

· 基质使用前的消毒

仙土、兰石等颗粒基质须用水泡透

沥去余水

腐殖土一边用水喷湿，一边混拌至半湿状

基质适宜湿度的判断方法是：把腐殖土握在手中，用力挤时，土成团而不出水，手松开后又能散开

· 基质使用前湿度的调节

再堆积发酵后上盆，或者上盆后再浇施生物菌肥。

③兰盆的准备。兰盆的大小、高矮一定要与所植兰丛的株数、高矮相匹配，以能栽下去并略有宽余为宜。例如栽 3 ~ 5 株兰苗时，一般用口径约 15 厘米的盆为好。

④盆底垫物的准备。市场上有售疏水罩。若没有，可以用矿泉水瓶或不锈钢细网自己制作，也可用瓦片、砖块、木炭块、塑料泡沫块等垫盆底。

⑤消毒药品、工具等的配备。不论是栽植生草还是熟草，一般均先要对兰株进行消毒灭菌灭虫，然后晾干再植。常用的消毒药品有甲基硫菌灵（甲基托布津）、多菌灵、高锰酸钾、医用酒精等。此外，常用工具如水桶、喷雾器、剪刀、塑料筛等也应尽可能备好。

一不宜盆小苗多　　　　　　二不宜盆大苗少

三不宜盆浅根长

· 兰盆选择"三不宜"

2 栽植方式

新苗购得后，应将朽根、空根剪去，无叶的老假鳞茎也应分离。修剪后，先用自来水洗净，再用甲基硫菌灵（甲基托布津）或高锰酸钾溶液（均为800～1000倍液）浸泡根系10～15分钟。取出后放在阴凉处晾干，至根变柔软后才能栽植（一般经4小时至1天）。如兰叶有病斑或害虫，可用上述药液先浸泡消毒。一般栽后立即浇水。如根损伤严重，则应在栽后过2天再浇水，以利伤口愈合。

陈宇勒说兰　陈宇勒说兰

徐哥兰花　徐哥兰花

兰花在阳台栽培两三年后，会因兰盆过大或过小，以及基质保湿性不合要求、透气性不良、无肥效、过酸或过碱、有病害等，需要换盆。换盆时，用颗粒多的基质栽培的兰株很容易倒出兰盆，但须注意小心轻放，不要损伤兰根、兰叶；如用腐殖土且腐殖土已板结，倒出前应先用竹签将盆沿的土掏松后再倒出，然后用水冲去泥土后再洗净兰根。分株时先仔细观察兰丛，然后再分株，每丛均应在3株以上。无叶的老假鳞茎应分离。最后再消毒，方法与上述新苗栽植相同。操作时应特别注意不要损伤叶芽、花芽。

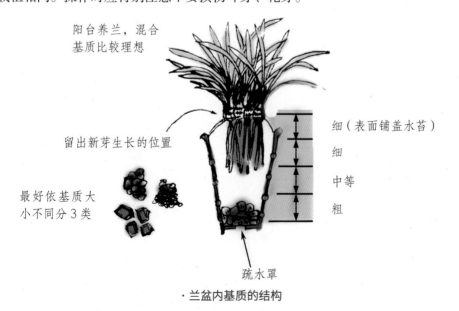

阳台养兰，混合基质比较理想

留出新芽生长的位置

最好依基质大小不同分3类

细（表面铺盖水苔）

细

中等

粗

疏水罩

· 兰盆内基质的结构

①

换盆前停止浇水数天，待基质偏干后换盆，不然根系易折断。换盆时，先沿盆壁四周拍打，然后双手抱着兰盆上下抖动，直至盆壁与基质分离为止

②

将兰盆盆沿触地。一手掌托起兰盆后部，另一手手指抓住盆口，轻抖盆身，让基质逐渐脱出；或用拇指从盆底孔向内顶，以便取出兰株

③

一手手掌张开，托住兰株，另一手将兰盆取掉

④

轻轻抖一抖兰根就可将基质去掉。用土壤栽植的兰花，可左手托住兰株的基部，右手将根上的泥土剔除。如果基质板结而根密集，难以去土，为了保护根和芽，可用水冲散根之间的泥土

⑤

将兰株放置于通风处阴干至略为发软后进行分株。分株时找好兰株的分离点（即易松动的地方），然后用利剪剪开

细心修去腐烂根、断裂根、残叶，修剪时切勿触伤叶芽和根尖。叶片有病斑和根部有腐烂症状的兰株必须进行消毒，晾干后再上盆；对于健壮且没有病害的兰株，不需冲洗及消毒，可用草木灰或硫黄粉涂抹伤口后直接上盆

⑥

⑦

选取兰盆（新盆应先用水浸泡除火气，旧盆应消毒或在阳光下暴晒过），放入疏水罩

⑧

选配好基质

⑨

先加入颗粒大的混合基质。如兰根不很长，可将基质先填至盆高的1/3～1/2时，再放入兰株

⑩

理顺兰根，使其自然舒展

⑪ 一手执兰，一手慢慢加入较细的混合颗粒基质，边加基质边轻拍轻摇兰盆；将兰丛略向上提起，以使兰根舒展，让基质填入根与根之间空隙

⑫ 如基质未填至盆沿下约2厘米处，仍可将兰丛上提，但动作应缓慢，不得损伤兰根。摇动兰盆，将兰丛扶正，压实基质，需要时，再加入细基质

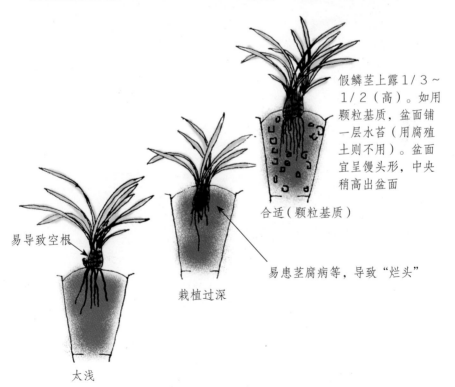

假鳞茎上露1/3～1/2（高）。如用颗粒基质，盆面铺一层水苔（用腐殖土则不用）。盆面宜呈馒头形，中央稍高出盆面

合适（颗粒基质）

易导致空根

易患茎腐病等，导致"烂头"

栽植过深

太浅

·兰株栽植深度

3 栽植后的管理

上盆后的兰花，第一次浇水必须浇透。也可用浸盆法（即将兰盆放入水中浸 2 ～ 3 分钟后取出）。若盆面基质不足，应补足。浇水后，将兰盆放置于水盘上。上盆 1 周内放阴凉处莳养，1 周后置于正常环境中莳养。

兰花日记

兰花日记

徐哥兰花

对于健康无病的兰株，可以不用如此讲究，上盆后即可浇定根水

因分株、修剪、折断造成伤口的兰株

至少 2 天后才浇透水（不浇定根水）

让基质较干燥而又通气，以利伤口愈合

在湿润、通风、有散射光的阴凉处莳养

·栽植后的管理

柒

七

· 阳台兰花的光照管理 ·

阳台的光照条件因阳台的朝向、宽度及季节等不同而不同。阳台只能接受到一个方向的光照，同一阳台不同位置光照条件也不同。

陈宇勒说兰

如让阳光暴晒，则除少数建兰如铁骨素仍可正常生长外，多数兰花的兰叶会被灼伤。兰叶最怕中午至下午16时前的直射阳光。有时虽隔着阳台的矮墙，阳光的射线也还会把兰叶灼伤。如果长年没有阳光，兰株无法正常生长

遮阴是必不可少的手段

阳台应有充足光照，如光照过强，可人为加以遮挡

—30℃

兰花需要适当光照，需要不使叶面温度超过30℃以上的柔和光照

·兰花对光照的要求

阳台各处受光很不均匀

光照不足 光照过强

阳台空间有限，放置兰盆十分讲究

长期光照不足

导致植株衰弱

阳光被上层阳台所遮挡

兰花长期一面受光，易偏向一侧生长

春秋季将较喜阳的兰花置于外侧，将喜偏阴的置于内侧

每隔一段时间对调盆的位置，盆的朝向也要改动

·阳台的受光情况与兰盆摆放

（一）遮阴

遮阴有两种简易方法：一是种植攀援植物或间种阔叶多叶的植物遮强光；二是用遮阳网或其他遮阳物遮挡阳光，避免阳光直射。装有防盗网的阳台，可用遮阳网来遮强光。

遮阳物有竹帘、芦苇帘等，但以黑色尼龙遮阳网最为常用。

攀援植物，如葡萄、金银花、牵牛花和紫藤等，可起遮阴和增湿作用

围栏平台

兰架

在阳台的外沿栽种喜光的花卉

水池

·利用植物遮阴

目前养兰常用的尼龙遮阳网（俗称"黑网"）。其遮光率有50%、60%～70%、70%～80%等不同规格，可用一至两层。一般来讲，春秋季节用单层，夏季用双层，冬季则敞开不用

封闭式阳台的遮阴，可在内侧挂上遮阳网

玻璃可滤去15%～35%日光，依条件不同而异。新温室的清洁玻璃可以多透进5%～10%的日光

·封闭式阳台玻璃的滤光情况

水性涂料是一种暂时遮光的方法

在玻璃上喷或抹上水性涂料（也可用一种圣诞节时在酒店门口玻璃上喷画的涂料），也可起到遮阴作用，遮光率可达50%，不用时可用水洗之

· 水性涂料喷或涂玻璃可起遮阴作用

（二）补光

因种种原因，有些阳台光照不足，对此应设法予以补光。

对红光吸收最强

蓝光次之

红光能促进兰花的生长

蓝光有利于茎叶增粗、植株发育等

10000勒

5000勒

4000勒

墨兰

线艺墨兰

细叶的建兰、蕙兰、春兰等需光度稍大

· 不同兰花种类对光的需求

连绵阴雨天气

光照不足

卷起遮阳帘，增加光线

光照严重不足时，
用灯光补助

· 光照不足时补光

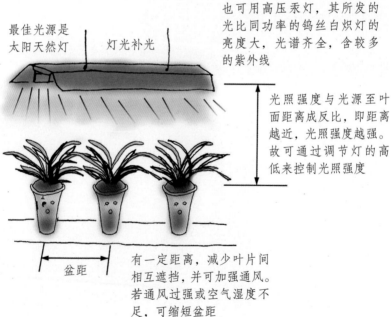

功率 80 瓦的高压汞灯，安装在距兰花 1.2 ～ 2 米高处，开灯后兰叶上光照强度就能达到 100 ～ 2000 勒。晚上可根据季节、当天天气情况开灯补光 2 ～ 5 小时

最佳光源是太阳天然灯

灯光补光

也可用高压汞灯，其所发的光比同功率的钨丝白炽灯的亮度大，光谱齐全，含较多的紫外线

光照强度与光源至叶面距离成反比，即距离越近，光照强度越强。故可通过调节灯的高低来控制光照强度

根据需要提供适当的光照，照射时间太短或太长都不利于兰花的生长

盆距

有一定距离，减少叶片间相互遮挡，并可加强通风。若通风过强或空气湿度不足，可缩短盆距

· 补光措施

阳台养兰常用 40 瓦的纯红光管（主波长 642 微毫米）、纯蓝光管（主波长 472 微毫米）及普通日光管组成的光照装置。在光照不足的阳台环境，早晚和阴天、雨天、雾天，可使用植物灯补光

选择能产生各种波段有色光的植物灯，安装在离兰叶 50～100 厘米高处，每次可照 1～2 小时。养鱼店出售的粉紫色的植物灯也可用。必须注意，紫光、紫外光的主要功效是形成花青素和抑制枝叶的伸长，同时有杀菌作用，但紫外光太强会灼伤兰叶，故发出紫外光的短波管不宜用

对光照分布非常不均匀的阳台来说，除了可用灯光补光外，可用反光材料补光，例如在阳台内墙装上镜子等

八

· 阳台兰花的温度管理 ·

调节温度的主要工作是冬季防寒，夏季防暑。温度对开花期有明显的影响，降低温度可以延长花期。

（一） 增温

增温的措施主要有：

①冬季应少遮阴或不遮阴，增强光照，提高兰室气温。

②在北方进入隆冬季节后，无风晴日中午稍半开门窗换气，待午后太阳稍偏时立即紧闭门窗，临晚前再加挂棉布帘。如室温降至5℃以下，就要设置加温设备。

③用电热器、暖风器增温，或用太阳光灯等增温。

兰花性喜凉爽

天气温暖时必须敞开透明塑料薄膜进行换气

使用暖风器，要在暖风器前放一盆水，且暖风器要对着水面吹，这样既可增温又可保湿

· 严寒时期用透明塑料薄膜包盖

④可在兰架下设置水池或水槽，在水池或水槽中注入热水。

⑤建造玻璃温箱或简易温箱。

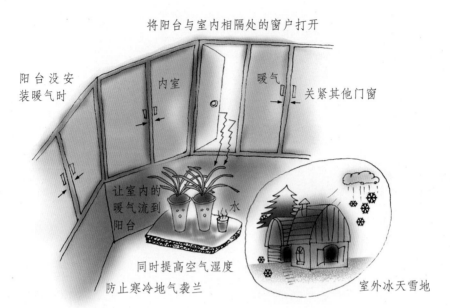

·北方地区冬季可利用室内暖气加温·

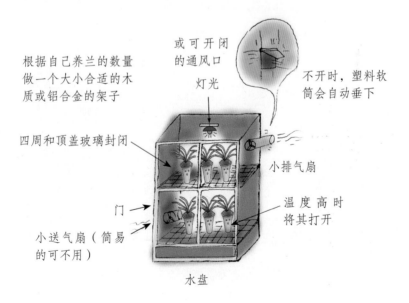

·玻璃温箱·

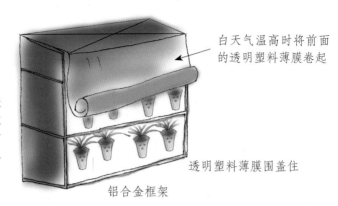

夜间将前面的透明塑料薄膜放下，气温过低时可在温箱上盖上一层厚布保暖

白天气温高时将前面的透明塑料薄膜卷起

透明塑料薄膜围盖住

铝合金框架

·简易温箱

（二）降温

降温的措施主要有：

①减少光照量，即提高遮阳网遮光率。

②加强通风，安装通风排气设施。通过通风排气，排去阳台内热气，换进新鲜空气，不仅可以降低气温，而且可以减少兰苗病虫害的发生。

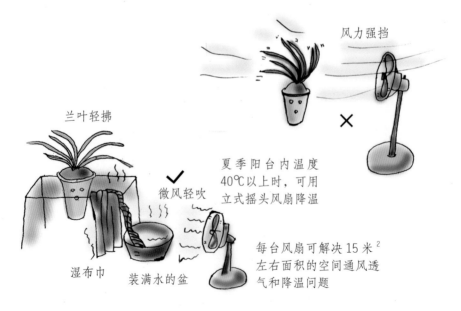

兰叶轻拂

风力强挡

微风轻吹

夏季阳台内温度40℃以上时，可用立式摇头风扇降温

每台风扇可解决15米^{2}左右面积的空间通风透气和降温问题

湿布巾　　装满水的盆

·用风扇降温的正确方法

③用冰块降温。

④购置增湿净化吹风机。在炎夏季节，将冰块置于吹风机内，可吹出湿润凉爽的空气。

⑤地面加湿或用容具盛水，通过水分蒸发带走一部分热量。

⑥密封式阳台在夏季温度40℃以上时，可关严密封窗，室内开空调，也可将室内与阳台相隔处的窗开启一两扇，让室内的冷气进入阳台。

安装排气设施

有效降低温度

杯内冰块可
缓慢融化
（4~5小时）

冰块

冰箱

根据冰箱速冻室的大小准备数只杯子。每天取一半杯子，放满水后放入速冻室，隔天连冰带杯子取出置于兰架下（注意稍离兰盆）；同时，放入另一半杯子供结冰

· 利用冰块降温

九 · 阳台兰花的水分管理 ·

（一）浇水

1 兰花的用水

兰花用水以水中不含毒素、呈微酸性或中性为好。在城市阳台养兰，只能用自来水。自来水通常用漂白粉消毒，最好经处理后使用。水质较好地区，也可直接用自来水。

徐哥兰花　　徐哥兰花

阳台照射后更好

在大的塑料水桶中存放2天，氯气慢慢散发到空气中，而且能使自来水的温度和阳台的温度基本一致

氯气

能提高阳台空气湿度

在阳台临门的一侧放个水桶存放水

净化自来水

· 自来水最好放置两天后使用

在贮水缸上养一些鱼和水藻，用缸中水浇兰

在喷药时，注意勿让药水流到水缸中

塑料布　　浅水池　　砖

· 配制一个贮水缸

食用米醋不但可调节碱性水的酸碱度，而且食用米醋含有氨基酸和微量元素等多种营养成分，有利于兰花生长

北方的自来水、井水、河水等呈微碱性，浇灌兰花前，须选择加入草酸、柠檬酸、硫酸亚铁、醋酸等酸性物质进行中和，将水调成 pH 6 左右，再用来浇兰

米醋

若水过酸，则可加入氢氧化钾或石灰水进行中和

· 注意调节水的酸碱度

用 pH 试纸测试水的酸碱度

许多地方可直接用自来水浇兰花（淡淡摄）

2 浇水时间

判断该不该浇水并不是一件容易的事情，因为浇水没有确定的时间标准，只能依据"不干不浇，浇则必透"的浇水原则，而盆内的干湿状况无法直接观

兰花日记　　　陈宇勒说兰　　　陈宇勒说兰

察到。兰花的浇水时间与许多因素，如基质、兰盆、季节、天气、品种及植株生长状况等都有关。判断浇水时间的方法，可以概括为看天、看草、看期、看盆、看土和看境。

看天：根据季节和天气来浇水。夏季天气炎热，水分蒸发量大，兰花生长旺盛，所需要的水分多，应该勤浇，每天不能少于一次。冬季气温低、水分蒸发量小，兰花又处于休眠或半休眠状态，要少浇。春秋季节天气变化较大，要灵活掌握：天气凉爽而潮湿时少浇；阴雨天气，空气湿度高，也少浇；晴天多浇；大风干旱天气，水分蒸发快，就要多浇；雨天不浇，即将下雨时也不必多浇。

看草：根据兰花的种类来浇水。例如墨兰需水比其他兰花种类多，就应多浇；寒兰则需水少，应少浇。

看期：根据兰花不同生长时期来浇水。兰花在生长期应多浇，在休眠期少浇。生长健壮的苗多浇，长势不良的瘦弱株少浇，病株也少浇。发芽期多浇，开花期少浇。

看盆：根据兰盆的质地和大小来浇水。盆大的多浇，盆小的少浇；瓦盆多浇，瓷盆少浇；一盆之内兰苗多的多浇，兰苗少的少浇。也可依据盆壁孔和盆底排水孔的潮湿程度来判断浇水时间。

建议购置若干个透明塑料兰盆栽植兰花，分别将它们放置于阳台四周及中央，如此可轻易通过观察盆内基质的干湿状况来判断该不该浇水

看土：根据基质的干湿状况来决定是否浇水。基质以"润而不湿"为佳。用肉眼看，基质呈深黑色而又没有被泡胀的样子，表示水分正好。还可用手指轻弹盆身，如果发出"泼泼"声，表示水已过量；如果发出混浊低沉的"笃笃"声，表示不缺水；如果发出清脆的"咚咚"声，表示基质过干。

看境：不同地点，浇水时间也不同。地面种兰，水分蒸发少，应少浇水。阳台高燥，光照强，风吹时间长，基质水分蒸发快，要多浇水。至于阳台朝向，因不同季节光照情况不同，浇水次数也不同。

总之，兰花浇水因时间、环境条件等不同而异。一个有效的判断方法是：拨开盆面以下深约2厘米基质，观察其干湿情况，由此再决定是否需要浇水。

具体浇水时间因季节不同而异，夏天应在一天中气温较低时浇，冬天应在一天中气温较高时浇，春秋季则在一天中气温中等时浇。

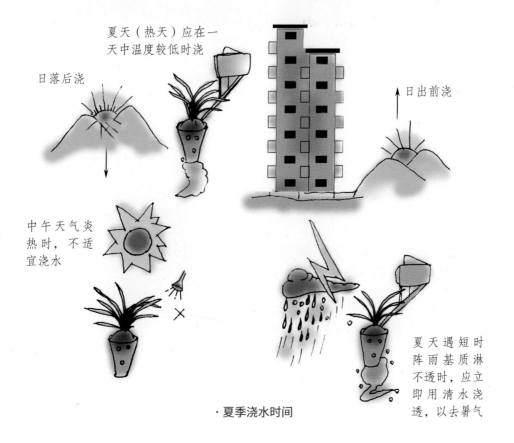

夏天（热天）应在一天中温度较低时浇

日落后浇

日出前浇

中午天气炎热时，不适宜浇水

夏天遇短时阵雨基质淋不透时，应立即用清水浇透，以去暑气

·夏季浇水时间

在夏季，封闭式阳台不宜在早上浇水，因为浇水后会迅速使兰株、基质和空气含水量趋近饱和，在高温的影响下，兰株可能产生生理障碍而出现焦尖、枯叶、病斑。每天应在傍晚日落后喷雾。喷雾应先喷叶，而后由下至上喷遍阳台，反复多次，防止因喷水不足而引起温度骤升（吴宪明摄）

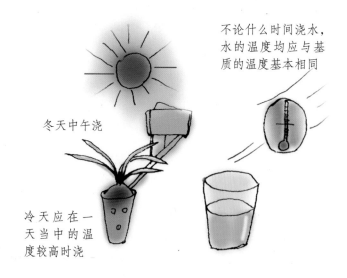

·冬季浇水时间

3 浇水的方法

有灌注法、喷洒法和浸盆法三种。

兰花日记

灌注法：最常用的浇水方法。用细长嘴水壶沿盆边慢慢地把水浇下去，直到盆底流出大量水为止

浸盆法：将盆放入盛水的桶中，让基质吸足水分。在基质过分干燥，用灌注法或喷洒法难以让基质完全吸足水时，可以采用此法，但兰花出现病害时切忌采用此法，否则，可能导致病害传播

喷洒法：可冲净粘在兰叶上的灰尘、脏物，也可提高兰室空气的湿度。在干燥的秋季尤其需要（但在叶芽、花芽萌发及开花时慎用）

盆面、盆底不出现气泡时，说明盆内基质已经完全吸足水分

· 浇水方法

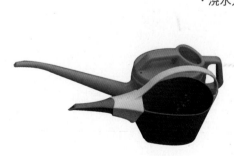

细长嘴水壶，使用时不会碰伤兰叶，便于控制浇水量

喷壶喷嘴上的孔越细越多越好

用腐殖土养兰，当基质发干的时候，兰盆与基质之间有缝隙，水浇上去马上从排水孔漏出，以为是浇透了，其实不然。遇到这种情况，应先把基质表面浇润湿，再用小水多浇几遍，直至真正浇透为止

浇水的目标是浇透，不能浇半截水

· 浇透水

（二）空气湿度的管理

1 阳台空气湿度普遍太低

阳台空气湿度普遍偏低，这是养兰的一大障碍。

上有挡雨板，下有水泥地面，背为墙体，前面和左右侧空旷

光照强，日照长

由于阳台突出在外，风大。若是秋季"干风天"，基质容易被吹干

缺少吸水贮水功能，也无法从地表吸取水分与接受足够的雨露

采取一些增湿的措施

阳台上水分的蒸发速度要比地面快

特别是夏季烈日当空，即使早晚浇水，基质也很快因水分蒸发而干，盆内基质的湿度变化特别大

空气湿度太低

· 阳台空气湿度低是养兰的一大障碍

2 提高空气湿度的时期与方法

为更好控制空气湿度，有必要购置湿度计

天气干燥、空气湿度低（如北方春季吹刮干风）

生长期

冬季室内有加温设置增温时，空气甚为干燥

提高空气湿度

干旱季

阳台风大、干燥，水泥地面水分蒸发量大，很容易干燥

·什么情况下该提高空气湿度

提高空气湿度的方法主要有：

①减少通风或适当通风。封闭式阳台关小门窗，即可减少通风。敞开式阳台可以采取适当遮挡的方法保湿，在春秋大风时节尤其重要。可临时用塑料布（以有孔、能让风减速的为好）等挡风，保湿防干，大风过后再恢复正常通风状态。

②洒水或喷雾。

空气湿度低和光照过强的阳台，兰架应设计矮些

缩短盆距和降低兰架可相对提高空气湿度。盆距小，可使风速减小，让存在于盆间和叶表面的水分不易蒸发

通风，可降低空气湿度

水池

出现空气湿度过高或通风不佳的情况时，用砖块等将兰架垫高

·调节空气湿度的方法（一）

将毛巾之类物品一头浸入盛水的容器中，另一头悬挂起来，通过布上水分蒸发，提高室内湿度

在空中、地面、兰架、墙壁上洒水或喷雾

启动自动控制雾化器

设置水槽或水池等，并在水槽内水池贮水或盛吸饱水的河砂或木炭

喷雾能显著提高空气湿度，降低兰室气温

·调节空气湿度的方法（二）

雾化设备

喷雾设施

春秋季节，当气温在 15~25℃ 时，经常向叶面喷雾（每天可喷雾一两次），既可提高空气湿度，又可洗叶除尘

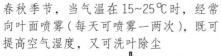

一般不应在开花和叶芽生长期喷雾

冬季应在日出后向叶面喷少量水雾，并维持基质潮润而偏干

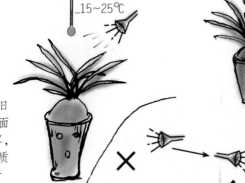

温度 30℃ 以上时，宜向地面和空间喷雾降温，不宜向叶面喷雾

·喷雾增湿注意事项

春秋季节，启用喷雾设施

喷雾的叶片以不滴水为度

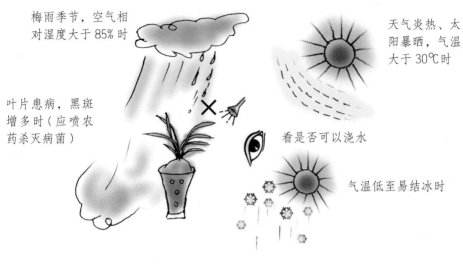

梅雨季节，空气相对湿度大于85%时

天气炎热、太阳暴晒，气温大于30℃时

叶片患病，黑斑增多时（应喷农药杀灭病菌）

看是否可以浇水

气温低至易结冰时

· 什么情况下不宜喷雾

　　③在兰架下建造浅水池，或放置镀锌板或不锈钢板制成的水槽；摆放水缸；在兰盆下放置托盆等。

兰架

装水

轻便的塑料泡沫箱

· 在兰架下方搁塑料泡沫箱

在兰架下放置镀锌板制成的水槽

水雾

上面植满青苔

砖头

浅水池

砖头和青苔吸水
保湿能力很强

在兰架下铺
塑料布

用木炭更好

· 在兰架下方铺砖保湿

④给兰花套透明塑料薄膜袋子等，以提高空气湿度。

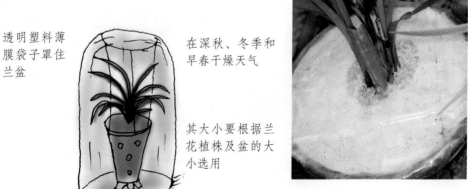

透明塑料薄
膜袋子罩住
兰盆

在深秋、冬季和
早春干燥天气

其大小要根据兰
花植株及盆的大
小选用

· 给兰花套透明塑料薄膜袋子保湿

在风大的阳台用颗粒基质栽种，
基质容易干燥。对此，可用透明
塑料薄膜罩住盆面，并根据湿度
情况在透明塑料薄膜上穿孔

⑤使用自动水帘设施。

水帘设施。若购置不到，可根据需要自制：用两张铁丝网，中央夹上几层黑色塑料遮阳网；上面夹上两片"Y"形铁片，并用水管注入水，下面做一个"山"形的水槽，承接上面流下来的水（方平摄）

⑥盆面植草。在盆面栽植相当数量的小草，如翠云草等，有利于保持基质湿度和空气湿度，看起来也美观。种在盆面的小草必须满足下列条件：四季常

盆面的苔藓生长茂盛，兰花生长也健壮（品芳居摄）

青；不生虫、不生病，有灭虫治病的作用更好；植株矮小或细叶小藤本，根系能伸入基质中，但又不在表层结团，也不会扎得太深，容易拔掉；生长速度较慢；小草的长势能反映基质的干湿状态，过干过湿都能从草色上看出。

3 降低空气湿度的时期与方法

在高温高湿天气、低温高湿天气、休眠期，以及植株出现病害等情况下应该降低空气湿度。

高温高湿天气绝不可喷雾，兰叶上也不应存有水珠；在低温又不通风天气同样应避免高湿，水蒸气会凝结成水滴，对新芽有害。这两者都易导致兰株发生病害。

降低空气湿度的方法主要有：

①打开门窗，使空气流通。

②使用电扇、抽风机，使空气流通。

③适当增加光照。

④停止浇水。

拾

十

· 阳台兰花的通风管理 ·

（一）阳台通风情况

　　古人养兰对通风问题看得很重，因为当时养兰多在山庄式的庭院中莳养，且用的基质是腐殖土，当然"通风是养兰第一要务"；而现在阳台养兰应将提高空气湿度作为头等大事。

楼层越高风越大

阳台的朝向以及周围建筑物的情况会使风的强弱发生复杂的变化

高楼、西向和北向阳台，将它们改造成封闭式阳台

敞开式阳台可放下遮阳帘，以避免直接受风

秋季天气干燥，多日无雨，只刮旱风，对兰花生长不利

在西风和北风大的地方，建筑物两端的阳台或回廊往往成为风的通道

遇到这样的天气，可以关上阳台窗户，开启内窗，风小时再开阳台窗

风力过大的东向和南向阳台，根据风力大小用玻璃、阳光板或格子篱等遮挡

阳台上的兰架应略低，但兰盆不宜直接放地下，以悬空摆放为好

· 阳台通风情况及改造措施

（二）日常通风的管理

敞开式阳台一般风较大，不存在通风不良的情况，而封闭式阳台须采取窗户的开启、关闭和换气扇的启用与停止等措施，才能保证阳台处于较理想的通风状态。

空气会热胀冷缩

如果天气好，应把阳台门窗打开，以利空气的对流

在无风天，只要兰盆位置放置得当，空气就会不断上下流动

上面冷凉空气自动下降补充

这就是要在下面安装送气扇，上面安装排气扇的缘故

阳台内、室内的空气都能产生对流

下面暖湿气流不断上升

盆内基质空隙内的空气膨胀、收缩亦会很自然地形成空气流动

·让空气流动起来

敞开式阳台通风情况较好

玻璃温箱要注意通风

拾壹

十一

·阳台兰花的施肥·

（一） 兰花需要的营养元素

兰花在生长发育阶段中，各个阶段所需要的养分种类、数量及比例有所不同。施肥是为了满足兰株对养分的要求。如果施肥不当，某种营养元素供应不足或过多，各种养分之间的比例失调，就会影响兰株正常的生长发育。要满足植株对各种营养元素的要求，首先必须了解兰花的营养特性和各种养料的作用，然后加以综合考虑，才能做到合理施肥。

兰花和其他的植物一样需要各种营养元素，如碳、氢、氧、氮、磷、钾、钙、镁、硫、铁、锰、锌、铜、硼、钼、氯等16种营养元素。但兰花对这些营养元素需要量有很大的差别，需要量较多的是氮、磷、钾三种元素，它们常被称为"肥料三要素"。

氮肥可促进兰株根、叶生长。缺氮则老叶容易枯黄落叶；氮肥过量，尤其在磷、钾肥供应不足时，会造成叶片徒长，不开花，易倒伏，易患病虫害。含氮高的肥料，适用于兰苗成长期及叶芽萌发期。

磷肥能使兰株假鳞茎粗大结实，容易开花。缺磷则茎叶徒长，叶灰暗，缺乏光泽。磷过多也会产生不良后果，导致植株矮小、植株早衰等。含磷高的肥料，适用于开花前。

钾肥有利于增强植株抵抗各种病害、冻害的能力。缺钾时根系生长受抑制，兰叶薄而软。如果基质中含钾量少，将会造成根少苗弱。一般中苗以上的兰株都可以用含钾高的肥料。

（二） 肥料的种类

肥料依其成分不同，可分为两大类：无机肥料和有机肥料。

来源于动植物废料，如豆饼、麸皮、米糠、其他植物的渣粕、鱼粉及骨粉等，经发酵制成的肥料，以及人或动物的排泄物，通称为有机肥。它的好处是肥力足，肥效长，但有臭味，如消毒不好，还容易带来病菌。

从非生物体或无机化合物、矿物中提取或用其合成的肥料，称为无机肥，简称化肥。它的优点是施用方便，没有臭味。

肥料依用途、功效等不同，大致可分为八类：无机复合肥、有机复合肥、商品有机液肥、多元叶面肥、生物菌肥、长效颗粒肥、自制有机肥和气体化肥。

无机复合肥是最常用的速效水溶性化肥，如磷酸二氢钾、尿素、过磷酸钙和硫酸亚铁等，通常作为叶面追肥；有机复合肥，如复合骨粉和精制成品颗粒肥等，可作为基质混用或置于盆面；商品有机液肥，如翠筠有机液等，可用于盆施或喷叶；多元叶面肥，如花宝和花康等，用于根外追肥；生物菌肥，如兰菌王等，用于喷施；长效颗粒肥，如魔肥、奥妙肥、好康多等，置于盆面。

阳台养兰考虑到卫生，通常不使用自制有机肥。一般使用兰花专用商品有机液肥和长效颗粒肥。这些肥料都附有详细说明书，用法容易掌握，均安全可靠。

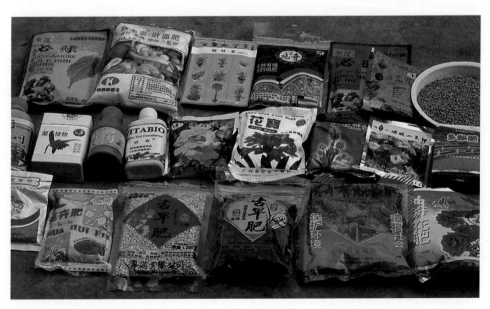

部分兰花常用肥料

魔肥、花宝

（三）施肥时间

施肥时间应根据具体情况而定。

①视所采用的栽培基质而异。颗粒基质有通气、疏水的优点，有利于根系生长发育，即使初学养兰者也能养好兰，因此得以广泛应用。但是，它本身所含的营养元素缺乏或不够全面，且颗粒基质之间空隙大，持肥力差，浇水、施液肥时上浇下泄，仅少量水肥停附在基质表面，因此，适时补充养分十分重要。

采用土料基质，虽可以在一段时间内不施肥，但不能长期不施肥。养兰者在长期实践中积累了大量与基质相配套的施肥经验，值得借鉴。

②视生长状况进行施肥。长势茂盛而又无病害的，可施肥；因缺肥而叶色淡绿、叶质薄软的，应施肥；生长不良、有病害的弱苗不宜施肥或应少施肥，绝不能多施；生草应栽培1年后，待新根正常时才可施肥；新栽兰花不施根肥（半年之内）；因施肥过量，叶色深绿且出现黑斑、焦尖者，停止施肥；花期

不施肥；花后应在半休眠结束时（约花后 5 日）补施花后肥；冬季休眠期一般不施肥。

　　至于具体施肥时间应根据天气情况而定。

采用颗粒基质，要注意补充养分

弱苗慎用肥

气温高达 32℃时，兰花便停止生长，施肥有害无益；阴雨天空气湿度高，水分难以蒸发，兰根不易吸收肥料。因此，炎夏天气及阴雨天不可施肥。

施肥最好在下午 5 时后进行，第二天一早即浇一次透水（如为叶面喷肥，应于第二天用清水喷一次叶面）。

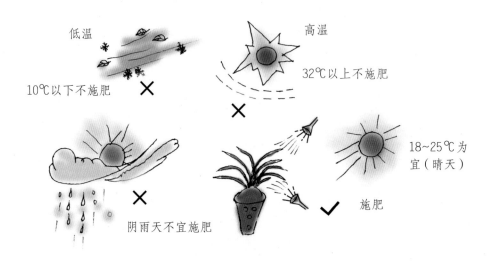

低温
10℃以下不施肥

高温
32℃以上不施肥

阴雨天不宜施肥

18~25℃为宜（晴天）

施肥

·施肥与天气状况

（四）肥料的选择

促进叶芽生长，以氮肥为主；促进根系发达、花芽发育，以磷肥为主；保持植株健壮，提高抗病能力，以钾肥为主。因此，应随兰株生长发育不同阶段而调节各元素比例。在新芽长出至半成熟之前是营养生长

徐哥兰花

陈宇勒说兰

期，应多施氮肥（氮、磷、钾比为 2 ∶ 2 ∶ 1）；生殖生长至植株成熟期应多施磷钾肥（氮、磷、钾比为 1 ∶ 4 ∶ 3），以促其花芽萌发和开花。例如：在换盆或分株后喷施兰菌王，以促根、催芽和壮苗；在春末夏初放置若干粒长效颗粒肥于远离植株基部的盆面；在叶芽生长期喷施尿素；在植株成熟到花蕾形成期喷施磷酸二氢钾或过磷酸钙。

为了促进兰花更好地生长，应适时提供适量的肥料，以更有利于兰株生长和开花。施肥最好以有机肥料为主，再配以速效无机肥。在春秋季萌芽时期，需要营养较多，如不给予适当施肥，日后可能长成弱苗，且不易开花，因此这一时期应适当增加施肥次数。

（五） 施肥方法与施肥量

陈宇勤说兰

兰花的施肥方法常用的有叶面喷雾追肥、根部浇施追肥和盆面置肥三种。例如，在兰花的生长期可用化肥稀释成淡肥进行叶面喷施，或用商品有机液肥稀释成淡肥根施，或用长效颗粒肥置于盆面。

用喷雾器喷施液肥，较易控制喷施的肥量

叶背和叶面都要喷及

· 叶面喷雾追肥效果好

目前，许多兰友在盆面放置长效颗粒肥，这种施肥方法简便、安全、效果好

兰花的施肥量、施肥次数取决于气温。因为温度既能促进基质有机养分的分解，又能促进兰花和真菌的新陈代谢，增强植株的养料吸收能力。所以一年四季温度不同，施肥量应有所区别。春夏两季气温高，是兰花的旺盛生长期，可适当增加施肥次数和施肥量；冬季气温低，生长受到抑制，即停止施肥。

值得注意的是，兰花对浓肥的忍耐力特别脆弱，所以在施肥时必须特别留意肥料的浓度。肥料的浓度宁可薄，也不可过浓。兰株一旦受过肥伤，很难恢复正常的发育。因此，兰花施肥宜勤而淡，忌骤而浓，要坚持"薄肥勤施"的原则。通常兰花的施肥量是普通花卉的1/4。

用清水将一定数量的肥料稀释成液肥。不可按说明书标示的浓度稀释，应该更淡。使用淡肥，喷施后可让肥料较长时间滞留在盆里，让兰株慢慢吸收消化，至下次浇水时，才随所浇的水冲失。这样的淡肥，兰花不会出现肥伤，安全可靠。

施肥后如叶尖遭到灼伤，或不应枯黄的叶鞘突然枯黄，或正在成长的幼叶出现斑点，说明已遭受或大或小的肥伤。

对于肥伤症状轻微的，要立即换去盖在盆面的水苔，冲洗盆里的基质；严重的，必须即刻连根拔起，全株冲洗干净，重新换盆，然后移置于兰室内阴凉通风处，停止施肥或喷雾农药，仅浇清水。

如在盆面放置有机质高钙磷颗粒肥(骨粉球)数量太多，而且放置的位置太靠近鳞茎，容易出现肥伤

多元素复合肥可稀释成 1000~2000 倍液浇灌，磷酸二氢钾、尿素 1000~2000 倍液可作叶面肥，但喷后次日需喷水 1 次。在兰花生长期可 10~15 天喷 1 次叶面肥。刚栽不久的兰花每周可用 2000~4000 倍液喷 2 次，但切记不得向盆内浇肥水，只能喷施叶面肥，给兰苗补充养分，以利其恢复生长和促生新根。

（六）施肥注意事项

施肥时必须注意如下事项：

①施叶面肥时一定要避免把肥液滴到兰株心叶中。一旦滴入，应用清水冲净，否则极易烂心。

陈宇勒说兰　　徐哥兰花

②用长效颗粒肥或花生麸粉放于盆边时，每次用量为 3~5 克。不宜放得过多，亦不宜太靠近假鳞茎或兰芽。

③施用自制有机肥时，应用水壶将液肥从盆沿缓缓浇入（勿使肥液黏附在叶片上），然后再淋一次叶面水，以防叶面染病。

④根部追肥时，盆内基质不宜过潮，否则不易被根系吸收。若叶面喷施，可选择空气湿度高的天气进行，尽量喷在叶子背面，以提高肥效。

⑤一些兰友因培育兰花不多，或因没有喷雾器，或为了省些时间，将肥料放入水中溶解后以浇水方式进行施肥。此种施肥法的好处是叶及根系都可以吸收养分，既简单又省时，但因养分流失严重而使用率低。

⑥如果盆内基质的透水性强、保肥力差，在生长季节可用喷雾器喷施肥料。在用喷雾器喷农药时，也可在药液中加少量的磷酸二氢钾等肥料。

⑦切忌施用浓肥，防止肥伤。

⑧施肥方法要灵活，例如：有机肥和无机肥交替使用；有机肥浇根，无机肥喷叶；磷酸二氢钾和尿素混合喷施；盆面放置长效颗粒肥和叶面施肥配合进行。

拾贰

十二

·阳台兰花的病虫害防治·

兰花病虫害的防治必须遵循"预防为主，综合防治"的原则。首先要严格实行检疫制度，切断病虫害的传播途径。其次要努力改善栽培环境条件，做好环境卫生，加强通风透光，及时清除病老株叶等，促进兰株的健康生长，增强兰株的抗逆性。第三，一旦发生病虫害，要坚持"治早、治小、治了"的原则，采取一切措施及时加以防治，切不可任其蔓延，以免造成更大的损害。

（一）病虫害发生规律

病虫害的发生与温度、湿度、光照等环境条件密切相关。一般来说，病虫害发生的迟早取决于温度，其发生的严重程度则主要取决于湿度。阴雨连绵的高温天气（25~30℃）是病虫害发生的有利条件。在春夏之交的多雨潮湿季节，温度较高，空气湿度高，有利于病菌、害虫的繁殖；少雨多晴的天气对大多数病菌、害虫的繁殖不利，干燥常使病菌丧失活力，甚至失水死亡。气温低（10℃以下），病虫害流行范围小，危害能力弱。兰花的病害多由病菌引起，如果阳光充足、空气流通、环境干净，栽培基质无菌、无污染等，病菌就难以繁殖。兰花的害虫，有的喜光，如食叶性害虫，减少光照时间与强度，可抑制虫害；而躲在地下的害虫则怕光或在弱光下生存，延长光照时间或提高光照强度，就可以抑制虫害。

（二）病虫害的防治方法

阳台兰花病虫害的防治，应以预防为主，平时要勤于观察兰株。预防要点：一是注意选购无病虫害的兰株；二是在栽植前对基质和兰盆进行消毒；三是保持湿润环境；四是控制浇水，不要使基质持续长时间过湿或过干；五是注意遮雨，不能任雨浇灌（尤其是珍贵品种）；六是给予充分光照，但忌直射光暴晒；七是防高温闷热和低温霜冻；八是注意盆内基质透气，环境通风；九是

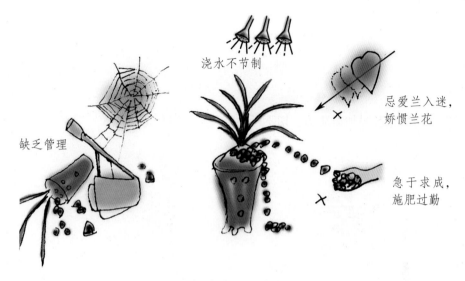

浇水不节制

忌爱兰入迷，
娇惯兰花

缺乏管理

急于求成，
施肥过勤

·不正确的管理方法易导致病虫害

适时喷施农药（如在梅雨季节）。

一旦发生病虫害，应及早治疗，及时隔离病株，剪除病叶，一定要控制病情，以免蔓延。经常细心观察兰株，按不同季节喷防病虫药物，在夏秋病虫害高发季节更应加强预防。

农药的喷施，要注意以下几点：首先要选准药剂；二是要及时；三是浓度要合适；四是喷施工作必须彻底；五是在每次喷药后的第二天，一定要用清水冲净残留的农药。在管理得当的情况下，一年喷施两三次杀虫农药、两三次杀菌农药进行预防就够了。

修剪兰花用的剪刀等工具的消毒

消毒剂

·用具的消毒是防止病害传播的重要措施

剪时要沿叶片一侧斜剪或将叶前端剪成尖角形

叶片中下部出现病斑时可用香烟烫烧或用棉签蘸农药涂抹（浓度比喷施的高些）

名贵品种叶片本身就不多，剪去会影响兰株的光合作用，故仅剪去带病斑的叶尖部分

普通品种，将叶片剪去也无所谓

· 病叶的处理

及时用农药涂抹病斑及周围，以遏制病斑的扩大

有时药物无法遏制病斑扩大，可用烫烧法，即用烧红铁钉或香烟烫烧病斑

如发现有少量介壳虫，无需用药，用手即可将其除去。其方法是：一只手托在叶片的下方，另一只手用牙刷刷除虫体或用指甲顺着叶面刮除虫体

（三）　主要病害及防治

兰花的病害可分为非传染性病害和传染性病害两大类。

陈宇勒说兰　　陈宇勒说兰　　徐哥兰花

1 非传染性病害

非传染性病害也称为生理性病害，如肥伤、缺素症、冻害、日灼、药害等，这些病害只要在栽培管理中有针对性地加强管理即可预防。

当基质呈碱性时，微量元素铜、锰、铁、锌等的有效性降低，兰根无法吸收，由此兰株生长受阻而易枯死。在碱性环境中铵态氮较易形成氨气挥发逃逸，

盆内基质表面出现白色粉状结晶物质，可能是盐类沉积，它会严重抑制新芽的生长，应将基质更换（图示煤渣和砖块上出现盐积斑）

使氮肥供应、吸收减少，从而抑制根、叶的生长。在碱性基质中，磷元素易与钙结合而降低基质中磷含量，根系的发育便会因缺磷而受影响，茎、叶的正常发育也受到影响。对此，可用适量的食用米醋等兑水后用于浇兰。

当基质呈强酸性时，基质中所含的微量元素铜、锌、锰等的有效性提高，超过兰株的需要量，

墨兰长期用兰石、石砾等颗粒基质栽植，又长期施用缺镁的长效颗粒肥，导致植株缺少镁、锌、铁等元素

容易毒害根系，而氮、磷、钾、钙、镁变成不溶性状态，难以被根系吸收，造成兰株所需的大量元素或中量元素不足，微量元素过剩，兰叶将出现黄化现象。而且磷在酸性条件下较易与铁化合而降低其有效性。如基质过酸，可将氢氧化钾、石灰水及草木灰浸出液等加入净水中，经检测其 pH 7~8 时，用此水浇兰，再隔几日重测盆内基质的酸碱度是否适当。

基质黏性过强、不透气，导致墨兰叶片干缩、脱水

光照不足、基质缺铁、空气湿度低，导致介壳虫危害

受酸雨淋袭后，兰花叶片出现生理性病害

兰花缺素症，缺钾、铁等营养元素，导致叶片出现黄化、软弱现象，部分叶片出现叶枯病

墨兰缺铁症

日灼病

光照不足和缺素症，幼芽出现白化病

冻伤

酸雨淋后出现的轻度黄化症状（二氧化硫等导致兰花中毒）

兰叶出现褐色或黑色斑、叶鞘发黑，其原因很可能是基质酸性过强，病菌大量繁殖；锰累积过多，溶解量大；有毒有害物质直接危害根系等

基质含水量过大，水分充满基质孔隙而导致积水，引起根系因缺氧而腐烂。严重时，兰叶出现黑斑。盆内基质过湿是黑斑出现的主要原因之一

光照不足、基质不适等引起兰根腐烂

浇水过度、通风不良，出现根腐病

陈宇勒说兰　　陈宇勒说兰　　陈宇勒说兰　　徐哥兰花

2 传染性病害

传染性病害有致病的病原生物，能互相传，发病前有一个传染过程。传染性病害有三大类，即真菌、细菌和病毒。

①真菌病。常见的有炭疽病、叶枯病、疫病、烧尖病、镰刀菌枯萎病（茎腐病）、立枯病等病害。这几种病害的病症可以说是大同小异，基本相似：先局部病变腐烂，后逐步扩大传播。其预防办法也同样要求在栽培管理上下工夫；一旦染上病害，及时喷施农药。另外，花店中出售的农药多数为广谱杀菌剂，能防治多种真菌病害。

炭疽病在兰花中较常见，严重影响兰花的叶片观赏价值。发病初期，在叶片中部出现圆形、椭圆形红褐色斑点，叶缘则出现半圆形的红褐色斑点。

炭疽病症状（一）

炭疽病症状（二）

炭疽病症状（三）

在叶基部产生大型病斑或病斑数量多时可使整叶枯死。后期病斑边缘深褐色，中心颜色变浅，上轮生小黑点。病斑大小不等。防治药剂可选用50%咪鲜胺锰盐（施保功）可湿性粉剂1000～1500倍液、250克/升吡唑醚菌酯乳油1000倍液、10%苯醚甲环唑（世高）水分散粒剂3000～6000倍液等，每隔7～10天喷1次，连续2～3次。

白绢病也是兰花常见病害。病株根颈表面长出白色的绢丝状物，即菌丝体，它可以蔓延至根际周围的基质中。后期在病株根颈表面或基质内形成似油菜籽的褐色或黑色菌核，病株逐渐枯衰而死。一旦出现病症，应立即换盆，剪去病株，并将兰花全株浸于1%的硫酸铜溶液（即10克硫酸铜配1升水）中消毒，受污染的兰盆、基质弃去不用。防治药剂可选用10%苯醚甲环唑水分散粒剂1000～1200倍液、40%菌核净可湿性粉剂800～1000倍液、50%多菌灵可湿性粉剂500倍液等。每3~10天喷1次，连喷2～3次。

白绢病症状

锈病常引起兰花生长衰竭，但不死亡。其症状是在叶背面出现凸起小疱，内含锈色粉状孢子。发现病害时，剪除病叶。早春叶面喷水后加强通风，兰盆不宜摆放过密。管理兰花时注意尽量不摩擦叶片而造成伤口。严重发病兰株，整株喷药保护，一般1～2次即可控制病情。危害轻的只需在病斑处涂抹药剂2～3次就可控制住病情。防治药剂可选用15%三唑酮（粉锈宁）

锈病症状

可湿性粉剂 1000 ～ 2000 倍液、80% 代森锌可湿性粉剂 500 倍液等。

疫病又称黑腐病。症状会因其发生部位不同而不同。该病感染初期出现小的褐色斑点，有黄色边缘。不规则的病斑多见于叶下半部的表面，后期逐渐扩展。较大病斑的中央为黑褐色或黑色，在挤压时会渗出水分，老病斑干燥，为黑色。受感染的叶为黄色，叶基部明显褪色、枯萎，后期叶片脱落，假鳞茎黑色。此病最终导致整个植株死亡。防治药剂，可用含铜杀菌剂，如 0.1% ～ 0.2% 硫酸铜溶液或 40% 甲霜铜可湿性粉剂 700 倍液喷洒，也可选用 40% 疫霉灵（三乙磷酸铝）可湿性粉剂 250 倍液、25% 甲霜灵可湿性粉剂 800 倍液、70% 甲基托布津（甲基硫菌灵）可湿性粉剂 1000 倍液等喷洒。

烧尖病主要危害叶尖。初期出现褐色斑点，随着病情发展病斑扩展连片，直至整个叶尖枯死。枯死部位呈灰黄色，叶面散生许多黑色粉状孢子团（与肥害或管理不当引发的烧尖有区别）。病健交界处有黑褐色斑纹。随着病斑扩大，黑褐色斑纹向前推进，不留带状痕迹（与炭疽病的区别）。对于本病害，控制初侵染源是关键。发现病害时，及时剪除患病叶尖并将其烧毁。防治药剂可选用 70% 甲基硫菌灵（甲基托布津）可湿性粉剂 800 ～ 1000 倍液、75% 百菌清可湿性粉剂 800 倍液、50% 多菌灵可湿性粉剂 500 倍液，每 10 ～ 15 天喷 1 次。

疫病症状

烧尖病症状

镰刀菌枯萎病（茎腐病）的症状是叶片从叶基部向上逐渐黄化。假鳞茎干枯变黑或腐烂，几天后植株即枯萎而死亡。发现病株时，倒盆后掰去病株，清洗兰根，反复用咪鲜胺锰盐等药液浸泡余下的健康株假鳞茎和根部，之后换上新盆、新基质上盆。

镰刀菌枯萎病症状

立枯病又称兰花根腐病，主要危害根部。受害兰根初期产生褐色凹陷斑点，后期根肉组织坏死，严重时根完全腐烂干枯，假鳞茎基部也受害腐烂。受害兰叶失去生机，色泽灰淡，边缘内卷，逐渐干枯。检查根部常可看到褐色腐烂部分有白色或褐色的蛛网状菌丝，有时可见到鼠粪状菌核。该病可引起整个植株死亡，对幼苗危害严重。防治药剂可选用50%福美双可湿性粉剂800～1000倍液、20%甲基立枯磷乳油1500倍液、95%敌磺钠（敌可松）800～1000倍液等。7~10天淋浇或喷洒1次，连续浇或喷2~3次。

镰刀菌枯萎病症状

立枯病症状

灰霉病症状

细菌软腐病症状

灰霉病常危害花朵。花瓣散生半透明的斑点，呈水渍状，以后斑点转褐色，边缘粉红色。随着花朵受害加深，斑点数目随之增加。发病初期，选用50%腐霉利（速克灵）可湿性粉剂2000倍液、50%乙烯菌核利（农利灵）可湿性粉剂1000倍液、50%异菌脲可湿性粉剂1500倍液等喷洒1~2次。

②细菌病。常见的是细菌性软腐病，该病主要发生在兰花叶芽上，也发生在叶片上。初发病时，在芽基部出现水渍状绿豆大小的病斑。2～3天后迅速向上下扩展，形成暗色烫伤状大斑块。后斑块呈深褐色水渍状腐烂，并发出恶臭味。新苗容易拔起。发病时可选喷20%噻菌铜悬浮剂400～500倍液、77%氢氧化铜（可杀得）可湿性粉剂800倍液、72%农用硫酸链霉素（农用链霉素）可溶性粉剂4000倍液。视病情隔7～10天1次，喷1次或2次。

③病毒病。病毒病是由病毒侵染引起的一种植物病害，目前世界上还没有彻底治好病毒病的药物及方法。病毒主要通过水流、昆虫叮咬、叶片摩擦等途径传播。其症状常表现为叶上出现褪绿凹陷斑，或单线或多线圆纹，或楔形状的山水画样环斑环纹。发现病毒病病株，应立即予以销毁。

病毒病症状（叶面出现褪绿凹陷斑，叶片呈脱水状）

病毒病症状（出现褪绿凹陷斑，叶片呈脱水状且反卷）

病毒病症状（出现箭头形和近圆形坏死斑）

病毒病症状（楔形状图案）

病毒病症状（出现木材纹样的花叶）

病毒病症状（出现宝石样斑纹）

病毒病症状（叶片黄化，沿叶脉坏死）

病毒病症状（出现花叶，病斑呈坏死状）　病毒病症状（叶背出现枯死斑）

（四）主要虫害及防治

1 介壳虫

　　介壳虫又叫兰虱，是危害兰花最严重而又最顽固的害虫。在闷热、通风不良的环境易发生。常寄生在叶片的中脉、叶背，以及叶鞘和假鳞茎上，成虫有蜡质介壳保护，用刺吸式口器吸取兰花汁液，致使叶片发生黄斑。成虫因有介壳保护，农药杀灭效果差，宜在介壳虫孵化期喷药，农药剂可选用40%杀扑磷（速扑杀）乳油3000~3500倍液（施用不当，容易产生药害，花期不宜使用）、2.5%溴氰菊酯可湿性粉

介壳虫

剂 2000~2500 倍液等。少量成虫可用牙刷刷除。

2 蚜虫

蚜虫主要危害兰花的嫩叶、芽、花蕾等幼嫩器官，以刺吸式口器吸取兰花液汁。有些蚜虫的唾液中含有生长素，会破坏植物生长发育的平衡，使植物出现斑点、缩叶、卷叶、虫瘿等，引起畸形。此外，蚜虫排泄物为蜜露，量多时甚至会覆盖植物表面，影响光合作用，还会招致霉菌滋生，诱发煤烟病，传染病毒等。蚜虫一年可发生数代或数十代，只要

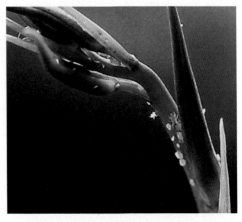

蚜虫

环境条件利于其生存，10 多天就可繁殖 1 代，故发现蚜虫时要及时防治。防治药剂可选用 50% 抗蚜威可湿性粉剂 2000~3000 倍液，10% 吡虫啉可湿性粉剂 4000~5000 倍液等。零星发生时可用毛笔蘸水刷除，并及时将刷下来的蚜虫集中消灭，以防蔓延。

3 红蜘蛛

红蜘蛛属螨类，是一种体型较小的节肢动物，体长不及 1 毫米，常为橘红色或橘黄色。繁殖能力特强，在高温、干燥环境中 5 天左右即可完成一代生长。用刺吸式口器吸取兰花汁液，被害叶片的叶绿素受到破坏，严重时出现灰黄色或坏死斑块。环境干燥，容易滋生红蜘蛛。在兰花的栽培管理中，注意通风和喷水，提高空气湿度。如果数量比较少，可以用人工刷洗。数量多时，可选用 20% 哒螨酮可湿性粉剂 2000~3000 倍液、73% 炔螨特乳油 3000 倍液等喷杀。

红蜘蛛危害叶片症状　　　　　　红蜘蛛

4 蓟马

蓟马成虫、幼虫均能危害兰花的花朵、嫩芽及嫩叶。主要发生于兰花开花期，成虫集中于花瓣重叠处，吸取汁液并产卵于其上，使花朵枯黄。花蕾被害后萎缩而脱落，或开花后花朵皱缩扭曲，最后干枯，失去观赏价值。当花开完后，蓟马又会迁移到幼嫩叶片上危害，使抽出的新叶枯黄。可用10%的氯菊酯（百灭宁）乳油或45%马拉硫磷乳油1000倍液等喷杀。成虫可用浅黄色、中黄色或柠檬黄色诱虫纸诱杀。

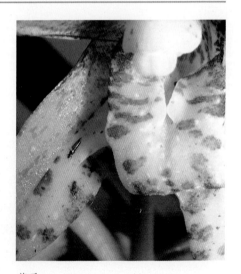

蓟马

部分常用病虫害防治药剂

蓟马危害花蕾症状

拾叁

十三

· 兰花名品欣赏 ·

（一）春兰名品

东门（宋梅）

宋梅（品芳居摄）

海晨梅（吴立方摄）

杜字（胡钰摄）

汪字（文荷摄）

集圆（品芳居摄）

东门（汪字）

东门（集圆）

铁嘴玉梅

西神梅（品芳居摄）

大富贵（品芳居摄）

环球荷鼎（布衣摄）

东门（大富贵）

东门（环球荷鼎）

金牛荷（刘宜学摄）

翠盖荷（文荷摄）

美芬荷（陈海蛟摄）

神话（吴立方摄）

紫观音

天彭牡丹

绿云（品芳居摄）

虎蕊

胭脂扣（刘宜学摄）

和氏璧

御上江南（刘宜学摄）

（二）蕙兰名品

程梅（品芳居摄）

元字（品芳居摄）

端蕙梅

陶宝梅（吴立方摄）

翠丰（吴立方摄）

国荷素

东门（陶宝梅）

（三）莲瓣兰名品

点苍梅（杨开摄）

素冠荷鼎

镇荷（杨开摄）

龙珠（杨开摄）

人面桃花

永怀素（杨开摄）

（四）春剑名品

玉海棠　　　　　　　　　　　霓裳仙子（王进摄）

仙桃梅（胡钰摄）　　　凤矞（王进摄）　　　学林荷（胡钰摄）

东门（新津胭脂）　新津胭脂（周安波摄）　东方红（王进摄）

春剑银丝雪玉（王进摄）　　　　五彩麒麟（胡钰摄）

（五）建兰名品

韩江春色

黄一品（胡钰摄）　　　　黄山雪

东门（市长红）

富山奇蝶（刘宜学摄）　　　　　市长红（郑为信摄）

（六）墨兰名品

闽西红梅　　　　　　　　　　金馥翠（魏昌摄）

白玉（刘宜学摄）

玉莲花（魏昌摄）

矮种新品（刘振龙摄）

（七）寒兰名品

缘素（林锋摄）

阿毅（朱颜）

九岭梅蝶

朱颜（刘宜学摄）